과학자는

왜

선취권을 노리는가

정열, 영예, 실의의 인간 드라마

고야마 게이타 지음

손영수·성영곤 옮김

전파과학사

머리말

역사를 돌이켜 보면, 인간 사회에는 여러 가지 형태로 큰 기복이 몇 번이나 밀어닥쳤다는 것을 알 수 있다. 과학의 세계에서는 17세기에 그것이 일어났다.

17세기는 인간의 자연관에 중대한 변혁을 가져온 시대가 되었다. 그때 고대, 중세부터 오랫동안 계속되어 온 정적을 깨뜨리기라도 하듯이, 예로부터 내려온 자연관이 갑자기 소리를 내며 허물어지기 시작하여 근대 과학이 탄생하기에 이르렀기 때문이다.

그 중심적 역할을 담당한 것은 갈릴레이, 뉴턴을 비롯한 천재들이다. 그들의 선구적인 연구는 천동설(天動說)로부터 지동설(地動說)로 우주 체계의 전환을 가져왔고, 더불어 천체의 운행과 지상의 운동 현상을 통일하여 기술할 수 있는 뉴턴의 역학을 낳게 했다.

그러한 구체적인 발견이나 업적과 병행하여 자연을 파악하는 자세에도 본질적인 변화가 생겼다. 그것은 새로운 연구 방법의 확립이다.

물론 그때까지도 인간은 자기들을 감싸고 있는 자연을 각각의 시대와 문화에 뿌리박은 파악 방법으로 이해하고 있기는 했으나, 그것은 대체로 사변적(思辨的)인 접근의 범위를 벗어나지 못하고 있었다.

그런데 17세기로 접어들자 실험과 이론(수학을 사용한 해석)이라는 새로운 강력한 수법이 도입되기 시작했다. 그 덕분에 과학은 고도의 실증성(實證性)과 객관성, 보편성을 지니는 학문으로 성장하게 되었다. 이리하여 인간은 자연관을 밑바닥으로부터 뒤흔든 수많은 발견과 동시에 그것을 가능하게 한 참신한 방법을 손에 넣었던 것이다.

그런 까닭으로, 17세기에 일어났던 인류사상 획기적인 지적 영위의 변혁을 '과학 혁명'이라는 이름으로 파악하곤 한다. 그런데 '혁명'은 일반적으로 인간의 가치관에도 큰 변화를 가져오는 것이다. 과학 혁명도 그 예외가 아니었다.

이 사건을 계기로 과학에 있어서 '최초'의 발견자가 되는 것에 최고의 가치를 두려는 사고방식이 지배적으로 되어 왔다. 그때까지는 고대와 중세를 거쳐 잇따라 이어받아 왔던 고전(古典) 그대로를 무비판적으로 습득하는 일에 힘을 쏟고 있었다. 새로운 발견을 가치 있는 것으로 보는 상황은 아니었다고 할 수 있다.

그런데 발견이라는 행운은 최초에 그것을 성취한 사람, 즉 단 한 사람만이 차지할 수 있다. 미지의 수수께끼도 누군가 한 사람이 해명해 버리고 나면 더 이상 수수께끼가 아니기 때문이다. 그렇게 되면, 필연적으로 과학은 '빠른 사람이 승자가 되는' 양상을 드러내게 된다. 빠른 사람이 승자가 된다면 경쟁이 일어날 것은 두말할 필요가 없다. 이리하여 과학의 연구에는 '경쟁 원리'에 따라 치열한 선두 다툼이 벌어지게 되었다.

비유가 좀 지나칠지 모르지만 전국(戰國) 시대의 무장들은 글자 그대로 '선두 다툼'을 연출하여, 적진으로 가장 먼저 돌입하는 것을 최고의 공적이라고 생각했다. 이와 마찬가지로 과학자 사이에서도 근대 이후에는 첫 번째 발견을 노린 '싸움'을 볼 수 있게 되었다.

과학에는 진보나 발전이라는 발전적 이미지를 지니는 말이 따라붙기 마련인데, 그것도 이러한 경쟁 원리에 의한 바가 클 것이다.

그래서 과학을 과학자에 의한 선두 다툼의 역사라는 관점에서 다시 관조해 본 것이 이 책이다. 여기에서 다루는 시대는 근대 과학의 확립기로부터 현대까지 이르고 있는데, 이 약 400년의 시대를 통해서 과학자가 제1 발견자가 되는 것에 얼마나 강한 집착을 가지고 있었는가를 알 수 있을 것으로 생각한다. 또 그에 따라서, 관점은 독특하지만 그렇기 때문에 인간의 영위로서의 과학의 한 측면을 독자에게 전달할 수 있기를 염원하고 있다.

끝으로 이 책을 정리하는 데 있어서 이번에도 고단샤(講談社) 과학도서 출판부의 다나베(田邊端雄) 씨에게 많은 협조를 받았다. 이 지면을 빌어 감사의 말씀을 드린다.

고야마 게이타

차례

1장
선두 다툼에 건 집념

1. 스푸트니크 쇼크

1957년 10월 4일, 러시아(구소련)는 세계 최초의 인공위성 '스푸트니크(Sputnic) 1호'의 발사에 성공했다. 이 발사가 예고 없이 돌발적으로 이루어진 것이기에 더욱더 러시아의 쾌거는 온 세계에 선풍을 불러일으켰다. 보관되어 있는 당시의 신문을 들추어 보면 「지구를 도는 '붉은 별', 마침내 뜬 '인공의 별'」이라는 제목이 춤을 추고 있어 사람들의 흥분 상태가 지금도 생생하게 전해지고 있는 듯하다.

이리하여 본격적인 우주 시대가 개막된 셈인데, 마음이 편하지 않았던 것은 우주로의 '선취권'을 러시아에 빼앗긴 미국이었다. 아니, 마음이 편하지 않다는 표현으로는 부족할 정도였다. 속된 말로 '스푸트니크 쇼크'를 당한 채로 그 후 얼마 동안 미국은 우주 개발 분야에서 러시아에 리드를 당하게 되었던 것이다.

2년 후인 1959년 9월, 러시아는 무인 탐사기 '루나(Luna) 2호'를 달 표면에 도달시켰고, 그다음 달에는 '루나 3호'에 의한 달 뒤쪽의 사진 촬영 성공이라는 화려한 성과를 계속해서 거두어 나갔다(지구에서는 달의 뒤쪽, 정확하게 말하면 전체 표면의 41%를 볼 수가 없다). 게다가 미국에 결정적인 충격을 준 것은, 1961년 4월 12일에 러시아가 유인 우주 비행에 성공했다는 뉴스였다.

인공위성 '보스토크(Vostok) 1호'에 탄 Y. A. 가가린 소령은 약 한 시간 반에 걸쳐서 지구를 일주하여 인류사상 처음으로 우주에 간 사람이 되었다. 이때 가가린의 "지구는 푸르렀다"는 아름다운 말은 전 세계의 사람들에게 깊은 감동을 주었다. 미

〈그림 1-1〉 가가린 소령에 의한 인류 최초의 유인 우주 비행을 보도한 신문

국의 J. F. 케네디 대통령도 축하 성명을 발표하고, 러시아의
성공을 높이 평가했다.

  그러나 우주 개발 경쟁에서 사사건건 러시아에 선두를 빼앗
기고, 유인 비행이라는 큰 경쟁에서도 선두 자리를 빼앗긴 미
국의 분함은 예사로운 것이 아니었다. 그런 만큼 케네디의 축
하 성명 뒤에는 '이번에야말로……'라는 미국의 뜨거운 투지가
감춰져 있었다고 생각된다.

〈그림 1-2〉 케네디 대통령의 꿈

2. 케네디의 꿈은 아폴로 우주선으로

그것을 증명하듯이 이 사건으로부터 한 달 후(1961년 5월 25일), 케네디 대통령은 의회의 상하 양원 합동 회의에서 연설을 하면서 "미국은 60년대 말까지는 인간을 달로 보내고, 무사히 지구로 귀환시키겠다"고 장담했다.

달로의 여행은 말할 나위도 없이 우주선의 건조를 비롯한 기술이 문제인데, 그것은 동시에 일찍이 인간이 경험한 적이 없는 우주를 무대로 한 '큰 모험'이기도 했다. 그래서 케네디의 연설은 애국심을 비롯해 모험에 거는 사람들의 꿈과 낭만을 불태우게 했다. 그리고 그것이 모험인 이상, 선두 다툼에 성공해야만 했던 것이다.

만약 또 다시 러시아의 뒤를 따라야 한다면 미국의 달 여행의 의미는(설사 과학적으로 아무리 큰 성과를 거둔다고 하더라도) 반감된다. 아니, 모험이라는 측면을 생각한다면 반감은커녕 없었던 일과 마찬가지일지도 모른다. 이미 두 번째라는 자리는 결코 허용될 수 없는 것이었다.

이리하여 케네디의 연설은 곧 유명한 '아폴로 계획'을 낳게 되었다. 1963년, 46세의 젊은 대통령은 텍사스주 댈러스에서 암살자의 흉탄에 쓰러졌지만, 아폴로 계획은 급속도로 계속 추진되었다.

그리고 1969년 7월 20일, '아폴로 11호'에 탄 두 사람의 미국인 우주 비행사 N. A. 암스트롱과 E. E. 올드린이 마침내 달 표면에의 선두 차지에 성공했다. '고요의 바다'에 성조기가 나부끼고, 여기에 '케네디의 꿈'이 실현되었다.

3. '작은 한 걸음'을 새기는 자 누구인가?

이리하여 다른 천체에 인간의 발자취를 새기는 세기의 대모험 경쟁은 종지부를 찍었으나, 거기서 연출된 경쟁은 방금 말한 국가 간의 경쟁에서만 그치는 것이 아니었다.

실은, 달로 향하는 우주선의 선원들 사이에서도 달 표면에서의 선두를 에워싼 치열한 투쟁이 펼쳐지고 있었다. 그것은 누가 달에 첫발을 먼저 내딛는 영예를 차지하는가 하는 개인 수준의 경쟁이기도 했다.

아폴로 11호의 선원은 모두 세 사람. 그중에서 M. 콜린스는 모선에 남아 있기로 결정되어 있었기 때문에, 착륙선을 타고 실제로 달 표면에 내려서는 것은 앞에서 말한 암스트롱과 올드린, 두 비행사로 결정되었다. 즉, 이 두 사람 사이에서 누가 선두를 차지하는가로 다툼이 생겼다.

〈그림 1-3〉 달 표면에 새겨진 인류 최초의 발자취. 인류에게는 물론, 우주 비행사 암스트롱에게도 '위대한 한 걸음'이었다(PPS 제공)

다툼의 발단은 그들의 훈련 시절로 거슬러 올라간다. 처음 예정으로는 올드린이 최초로 달 표면에 내려선다는 가정 아래 준비가 진행되었던 것 같다. 그것은 그때까지의 관례로는 누군가가 선외 활동을 할 때 선장은 반드시 우주선 안에 머물러 있어야 했기 때문이다.

그렇게 되자 암스트롱이 아폴로 11호의 선장으로 임명된 시점에서, 올드린이 우주의 미개척지(달 표면)에 처음으로 발자취를 남기는 역할을 담당하게 되는 사람은 자신이라고 단정한 것도 무리가 아니었을지 모른다.

그러나 암스트롱 쪽도 그렇게 쉽게 '역사에 남을 첫걸음'을 다른 사람에게 양보할 수는 없었다. 선장이라는 지위를 이용하여 암스트롱은 자신이 선두를 차지할 수 있도록 NASA(미국 항공우주국)의 간부들을 설득했다. 이에 대항하여 올드린도 자신의 입장을 주장함으로써 두 비행사는 출발을 앞두고 치열한 불꽃을 튀겼던 것이다.

결국 역사적인 첫걸음을 새기는 영예는 암스트롱에게 돌아갔다. 그리고 "이것은 한 인간에게는 작은 한 걸음이지만, 인류에게 있어서는 위대한 비약이다"라는 멋진 말을 38만 킬로미터나 떨어져 있는 지구로 보내왔던 것은 잘 알려진 일이다.

이어서 올드린이 달 표면에 발을 내려놓은 것은 암스트롱보다 불과 18분 후였다. 오랜 역사 속에서 본다면 18분이라는 시간 차이 자체는 하찮은 것이다. 그러나 그 시간 차이가 아무리 짧다 해도, 모험에 생명을 건 당사자들에게는 선두와 두 번째라는 메울 수 없는 차이가 있다. 달 표면에 내려섰다는 사실은 같을지라도 두 사람의 입장에는(극단적으로 말한다면) 하늘과 땅만큼의 차이가 생기게 된 것이다.

당시 온 세계의 사람들은 텔레비전을 통하여 우주 비행사들의 달 표면에서의 활동을 넋을 잃고 지켜보았다. 그러나 같은 곤란과 위험을 뚫고 왔는데도 불구하고, 두 번째의 자리를 감수해야만 했던 올드린의 분함을 간파한 사람이 과연 몇이나 있었을까? 다행인지 불행인지 그의 진짜 표정은 두터운 헬멧 속에 감추어져 있었지만…….

어쨌든 첨단 기술의 정수를 결집하여 모든 프로그램이 컴퓨터로 정밀하게 계산된 아폴로 계획의 그늘에 이토록 인간 본성이 물씬 풍기는 드라마가 연출되었다는 것은, 무척이나 흥미진진한 이야기다. 그리고 이 드라마는 설사 우주복으로 몸을 감싸고 있어도 경쟁심이라는 인간 본연의 모습은 결코 바뀌지 않는다는 것을 말해 주고 있다.

　여기서 한 마디 덧붙인다면, 1972년 12월 마지막 아폴로 우주선이 된 17호까지 총 12명의 미국인 우주 비행사들이 달 표면에 내렸고 400㎏에 가까운 달의 암석을 지구로 가져왔다.

　당연히 횟수를 거듭할수록, 즉 나중 우주선일수록 달의 연구에 큰 성과를 가져왔을 것이다. 암스트롱의 말을 빌리면 '위대한 비약'으로 이어진 것이다. 그러나 두 번째 이후의 달 표면 착륙을 도대체 몇 사람이 기억에 남겨 두고 있을까? 되풀이하게 되지만 역사 속에서 눈부시게 빛나는 것은 선두 차지(그것이 아무리 작은 한 걸음이더라도)의 위업뿐이다. 그것이 곧 모험이 가진 숙명이라고 할 수 있다.

4. 북극점을 에워싼 다툼

　앞에서 우주 비행사들의 갈등을 '인간 본성이 물씬 풍기는 드라마'라고 표현했지만, 인간이 선두를 다투어 누구도 가 보지 못한 땅을 향할 때는 항상 희비가 엇갈리는 드라마가 연출된다. 경쟁심에 부추겨진 모험가들은 목적지에 이르기까지의 위험과 고난에 찬 여정 가운데서 그들의 인간성을 여러 가지 형태로 드러내기 때문이다.

　그것을 상징하는 사건이 20세기 초 북극점과 남극점으로의 선두 다툼을 향한 모험에서 잇따라 발생했다.

　먼저, 처음으로 북극점에 도달한 것은 미국의 R. E. 피어리가 거느리는 탐험대였고 1909년 4월 6일의 일이었다. 피어리는 북극권의 조사에 충분히 긴 시간을 들이고, 그것을 바탕으로 개썰매를 이용한 면밀한 주파 계획을 세워 마침내 지구의 꼭대기에 성조기를 세웠던 것이다.

그런데 그해 9월, 같은 미국인 F. A. 쿡이 피어리 탐험대보다 1년 빠른 1908년 4월 21일에 이미 북극점에 도달했었다고 발표했다. 피어리에게 전에 탐험 동료였던 쿡의 이 같은 중대 발표는 아닌 밤중에 홍두깨 격이었다. 물론 쿡이 무슨 말을 하건 피어리가 북극점에 섰다는 사실에는 변함이 없지만 거듭 말해, 두 번째가 되면 모든 노력이 물거품으로 돌아간다. 이리하여 두 모험가 사이에 어느 쪽이 첫 번째인가를 에워싸고 치열한 논쟁이 벌어졌다.

그러나 얼마 후 쿡의 주장에는 앞뒤가 맞지 않는 점이 너무 많다는 것이 지적되기 시작했다. 가장 중요한 북극점에 이르기까지의 위치 측정 기록조차 애당초 존재하지 않았던 것이다(본인은 분실했다고 변명했지만). 게다가 전에도 쿡은 알래스카 매킨리산의 첫 등정에 성공했다는 허위 발언을 한 적이 있었다. 이런 '전과'도 제3자의 인상을 해쳤다.

결국 쿡의 주장은 물리쳐지고, 북극점 선두 차지의 영광은 피어리의 것이 되었다. 다만 아무 표지도 없이 온통 하얀 눈에 덮인 극지를 무대로 한 모험이었던 만큼, 논쟁의 수수께끼가 완전히 해명된 것은 아니었다. 그런 점에서는 일말의 개운치 않은 뒷맛을 남겨 놓게 되었다. 만약에 쿡이 거짓말을 한 전과가 없었고 꼼꼼하게 계산된 측정 기록이 날조라도 되어 있었더라면, 논쟁은 꽤나 오랫동안 지속되었을 것이고 그 판정도 극히 어려웠을지 모른다.

어쨌든 가정적인 이야기는 접어두더라도, 이 사건은 모험가에게 있어서 선두 차지의 매력이 얼마나 큰 것인가를 여실히 말해 준다고 할 것이다.

5. 끝내 유니언 잭은 나부끼지 못했다

북극점이 정복되자 다음 목표는 남극점이었다. 이것에 도전한 것이 노르웨이의 R. 아문센 탐험대와 영국의 R. F. 스콧 탐험대이다. 두 개의(그것도 나라가 다른) 탐험대가 때를 같이하여 같은 목표를 겨냥하면 필연적으로 일각을 다투는 치열한 경쟁이 전개될 것은 상상하기 어렵지 않다.

결과적으로 아문센 탐험대가 승리를 거두어 1911년 12월 14일, 남극점에 노르웨이의 깃발이 나부꼈다. 아문센은 그 감격을 "신에게 감사한다"라는 말로 일지에 기록하고 있다.

그로부터 한 달이 뒤진 1912년 1월 17일, 스콧 탐험대도 극점에 도달했다. 그러나 그곳은 이미 미개척지가 아니었다. 한기를 뚫고 혼신의 힘을 짜내면서 전진하는 그들의 눈앞에 희미하게 보인 것은, 이게 정말 있을 수 있는 일일까, 다름 아닌 바람에 펄럭이는 노르웨이의 국기였다. 유니언 잭을 세울 여지는 없었던 것이다.

스콧은 "신이여! 이토록 고생을 강요하시면서, 왜 선두 차지의 영예를 주시지 않았나이까!" 하고 그 분함을 일지에 기록했다. 승자는 신에게 감사하고 패자는 신을 원망하는 말을 남겨 놓고 남극점 제패의 경쟁은 막을 내렸다.

경쟁은 끝났지만 이 모험에는 또 다른 비극이 기다리고 있었다. 실의 속에 베이스 캠프로 되돌아가던 스콧 탐험대가 추위와 굶주림과 피로에 지쳐 눈보라 속에서 조난을 당한 것이다. 그들의 유해가 발견된 것은 그해 11월 12일이었다.

본래 두 번째로 끝난 인물의 존재는 역사 속에서 존재가 없어지는 법이다. 그러나 스콧의 이름이 오늘날 아문센과 더불어

〈그림 1-4〉 남극점을 측량하는 아문센. 그의 영광의 그늘에는 스콧의 분에
넘치는 눈물이 있었다

선명하게 기억되는 것은, 잔혹한 이야기이기는 하지만 남극에서의 극적인 최후가 있었기 때문이라고 할 수 있다. 거기에서도 선두 다툼의 마력에 신들린 모험가의 장렬한 모습을 보는 듯한 생각이 든다.

이리하여 양 극점에 자기 나라의 국기가 자랑스럽게 세워진 배경에는, 선두 차지를 노리는 모험가들의 야망, 부정, 논쟁, 영광, 실의, 비극이라는 인간 드라마가 펼쳐져 있었던 것이다.

6. 자연 과학은 '지(知)의 모험'

이상으로 20세기의 대표적인 모험을 간단히 소개했는데, 과학 연구도 흔히 모험, 이를테면 등산 등에 비유되는 경우가 있다.

그것은 하나의 목표(어떠한 발견이나 문제의 해결)를 향해 차분하게 노력하는 과학자의 모습이, 산꼭대기를 목표로 하여 묵묵히 발걸음을 옮겨 가는 등산가의 이미지와 겹쳐지기 때문일지 모른다. 또 과학자가 도전하는 자연이라는 미지의 세계는 모험가의 마음을 사로잡는 아무도 가 보지 못한 미개척지에 비유할 수 있는 것이기 때문일지도 모른다.

그렇게 생각하고 보면, 과학은 바로 '지(知)의 모험'이라는 표현이 딱 들어맞는 일이라고 할 수 있다. 그러나 양자의 공통점은 그러한 비유적인 의미에서만 그치지 않는다. 앞으로 살펴보면 알게 되겠지만, 무엇보다도 선두 다툼의 치열함에 있어서 과학과 모험에는 상통하는 것이 있는 것이다.

그것은 모험과 마찬가지로, 과학의 세계에서도 그 업적이 높이 평가되는 것은 최초로 발견을 이룩한 사람에 한정되기 때문이다. 자연을 상대로 미지의 수수께끼를 해명하는 과학의 세계에서는 일단 발견이 이루어지고 나면 그 이상 같은 문제와 대결할 의미가 완전히 없어져 버린다. 계속하여 대결해 본들 이미 알게 된 사실을 확인하는 데에 지나지 않기 때문이다.

따라서 설사 독립적으로 연구를 추진하고 있었다고 하더라도, 라이벌에게 선두를 빼앗기고 나면 그때까지의 노력에 걸맞는 보상을 기대한다는 것은 이미 불가능해진다. 엄밀하게 표현한다면, 과학에서 두 번째라는 것은 소용이 없는 것이다. 그런만큼 모험가가 선두 차지를 노리는 것과 같은 마음으로 과학자도 발견의 선취권(자신이 최초의 발견자임을 인정받는 권리)의 획득을 겨냥하고 치열한 경쟁을 전개하게 된다.

그렇게 되면 연구에는 성공했으면서도 터치의 차로 경쟁에 패하고 선취권을 손에 넣을 수 없게 되는 비극도 일어날 수 있다. 이때, 선두 다툼에 패한 과학자는 다른 사람에 의하여 이루

어진 발견을(설사 그것이 아무리 훌륭한 업적이었다고 하더라도, 아
니 훌륭하면 훌륭할수록) 순진하게 기뻐할 만한 마음의 여유는 도
저히 없을 것이다. 오히려 자신의 존재를 제쳐 놓은 과학의 발
전을 원망스럽게 생각할 것이다. 그것은 남극점에서 아문센이
세운 노르웨이의 국기를 눈앞에서 보았을 때 소스라치게 놀란
스콧의 심정에 비유할 수 있을지도 모른다.

그런데 같은 학문이면서도 인문 과학이나 사회 과학의 세계
에서는 선취권을 에워싼 선두 다툼이 연출되는 일은(적어도 자
연 과학에서 볼 수 있는 것과 같은 치열성으로는) 거의 없다. 이 차
이는 다른 학문과 비교하여 객관성, 보편성이 높다는 자연 과
학의 특징에 강하게 의존하는 것이겠지만, 어쨌든 학문에 종사
하는 인간의 생활상이 그 학문의 본질과 깊숙이 관련된다는 것
은 매우 흥미로운 일이라 할 수 있다.

그래서 여러 가지 인간 드라마를 예로 들어, 선취권 획득에
건 과학자의 정열이 과학을 어떻게 형성해 왔는가를 이 책을
통해서 살펴보기로 하겠다.

2장
비밀로 전수되었던 과학

1. 피타고라스의 비밀 결사

역사를 돌이켜보면, 과학자의 선취권(Priority)에 대한 강한 의식은 근대 과학의 여명기(17세기 초 무렵)에 벌써 그 싹이 텄음을 알 수 있다. 즉 근대 과학이 첫 울음소리를 냈을 때에, 선두 차지에 최고의 가치를 둔다는 분위기도 이미 빚어져 있었던 것이다.

그렇다면 근대 과학이 탄생하기 이전은 어떠했을까? 비교해 보는 의미에서, 근대 이전을 먼저 간단히 살펴보기로 하자. 근대 이전에도 인간은 각기 시대와 문화마다 고유한 형태로 자연에 대해 계속적인 관심을 품어 왔으나, 무엇을 발견했을 경우 그 선취권을 세상에 널리 주장한다는 의식은 극히 희박했거나 거의 없었다고 해도 과언이 아니다.

이를테면, 시대를 단숨에 거슬러 올라가게 되지만, 고대 그리스의 대표적인 수학자 중의 한 명인 피타고라스(기원전 6세기)의 예가 있다. 피타고라스는 많은 제자를 거느리고 한 학파를 세웠는데, 그 집단은 결속이 굳고 다분히 비밀 결사적인 색채를 띠고 있었다. 그것은 수학이나 천문학상의 발견은 학파 안에서의 비밀로 지켜지고 외부로 누설하는 일이 엄금되어 있었기 때문이다. 즉, 아무리 훌륭한 발견〔이를테면 '피타고라스의 정리(定理)'와 같은〕을 했다고 하더라도, 그 선취권을 외부의 사람에게 언급하는 일은 일체 금지되어 있었던 것이다.

또 새로운 발견은 모조리 학파에 속하는 사람들의 공유 재산으로 생각되어 그 공적을 특정 인간에게 귀속시키는 일도 없었다. 따라서 앞에서 말한 유명한 정리를 비롯한 피타고라스의 업적은, 과연 본인에 의한 것인지 아니면 어느 제자에 의한 것

〈그림 2-1〉 '피타고라스의 정리'를 발견한 것은 과연 누구일까?

인지 오늘날에도 그 구별이 되어 있지 않다.

　이리하여 피타고라스 학파는 비공개의 원칙을 수립하여 새로운 발견을 동료들 사이에 '비밀의 전수'로 계승하고 있었던 것이다. 우리의 감각으로 말하면 정말로 기묘한 이야기지만 발견에 대한 권리 의식과는 인연이 없던 그들의 정신은 근대 과학의 그것과는 상반됨을 알 수 있다.

2. 연금술과 '현인의 돌'

　방금 '비공개'나 '비밀의 전수' 같은 표현을 사용했는데 이런 말에서 연상되는 것으로, 고대로부터 중세 그리고 근대에 이르기까지 잇따라 계속되어 온 연금술(鍊金術)이 있다.

　연금술의 이론은 고대 그리스의 철학자 아리스토텔레스(기원전 4세기)가 제창한 물질관에 그 기초를 두고 있다. 간단히 요점을 말하면, 아리스토텔레스는 모든 물질이 기본적인 네 가지 원소(불, 공기, 물, 흙)로 구성되어 있고 이들 4원소의 조합 방법에 따라 물질의 다양성이 생겨난다고 생각했다. 그리고 이 4원소는 네 가지의 기본적인 성질(온=溫, 한=寒, 건=乾, 습=濕)이 주어지는 방법에 따라서 서로 구별된다고 보았다.

이를테면, 공기는 온과 습의 두 성질을, 물은 한과 습의 두 성질을 각각 지니고 있다는 식이다. 그래서 적당한 조작을 함으로써 원소에 주어진 기본적 성질을 바꾸면 원소는 서로 변환을 하게 된다. 이를테면, 공기(온+습)로부터 '온'을 빼앗고 '한'을 주면, 물(한+습)로 변화하는 것이다.

이같이 원소 간의 변환이 가능하다면 필연적으로 그것들로 구성되어 있는 물질도 서로 변화가 가능하게 된다. 즉, 비금속(卑金屬)으로부터 황금을 만드는 일도 꿈이 아니라는 논법이 성립하게 된다.

이론적인 근거가 마련되면 다음으로 중요한 문제는 그것을 실천하는 기술이 되는데, 여기에는 고대 이집트와 메소포타미아에서 발달한 야금(冶金) 기술, 화학적인 처리 방법이 그 밑받침이 되었다.

연금술이라고 하면 아무래도 의심스러운 이미지가 먼저 떠오르게 되지만 그것이 탄생한 배경에는 그 나름대로 당시의 학문적, 기술적 기반이 있었다. 거기에 신비하고 마술적인 측면이 복잡하게 서로 얽혀서 연금술은 '현인(賢人)의 돌'〔만물을 금으로 바꾸는 비약(祕藥)〕을 찾아 헤매는 긴 역사를 엮어 나가게 되었다.

그 긴 역사를 여기에서 더듬어 나갈 여유는 없지만 그 성격으로 보아 연금술에 관한 지식은 동료들 사이에서만의 비밀이 되어 있었으리라는 것은 쉽사리 상상된다. 스승으로부터 제자

〈그림 2-2〉 연금술사의 실험실

에게로, 또는 어버이로부터 자식에게로 몰래 승계되어 갔던 것이다. 이것도 공적 장소를 무대로 한 선취권 다툼과는 무관한 세계였다.

연금술에 의해서 오랜 세월에 걸쳐 배양된 실험 기술과 연구를 거듭한 실험 기구가 나중에 근대 화학의 탄생에 큰 영향을 끼쳤다는 것은 흔히 지적되는 점이다. 그러나 연금술에서 볼 수 있는 비공개와 비밀 전수의 자세는 과학과는 명확한 선을 긋고 있다는 것도 알았을 것이다.

3. 수학자의 결투장

비밀 전수에 얽힌 또 하나의 구체적인 예를 소개하겠다. 그것은 15세기 후반부터 16세기에 걸쳐 유럽에서 성행했던 수학

경시(競試)이다. 스포츠 경기나 체스 대국이라면 또 몰라도 학문의 경시란 귀에 익지 못한 말이다. 두 사람의 경시자(수학자)가 서로 같은 수의 문제를 출제하여 일정 기간 내에 푼 문제의 수로 승부를 결정하는 일이 당시에 성행하고 있었다.

이로부터 짐작이 가듯이 수학자는 어떤 문제의 해법을 발견하더라도 앞을 다투어 발표하는 일은 하지 않고 비밀로 해 두려 했다. 그리고 그것을 수학 경시에 사용하려 했던 것이다.

그런데 16세기 초 수학자들 사이에서는 3차방정식의 해법이 중요한 문제가 되어 있었다. 그 실마리를 최초에 발견한 것은 이탈리아 볼로냐대학의 교수인 S. D. 페로이다. 페로는 방정식의 풀이가 가능한 조건을 만족시키는 특수한 경우에만 3차방정식이 풀린다는 것을 깨달았다. 그러나 그는 그 발견을 공표하지 않고, 죽기 직전에야 몰래 제자인 A. M. 피오르에게 전수했다.

페로가 죽은 지 9년 후인 1535년, 페로의 제자인 피오르와 이탈리아의 수학자 타르탈리아 사이에 경시가 있었다. 쌍방이 30문제씩을 출제하였는데, 이때 피오르가 자신만만하게 비법으로 쓴 문제는 스승으로부터 전수받은 3차방정식의 해법이었다.

그런데 뜻밖에도 타르탈리아는 이것을 포함하여 피오르가 낸 문제를 모조리 풀고 말았던 것이다(아마 타르탈리아 쪽도 몰래 3차방정식의 연구를 하고 있었던 것 같다). 경시의 결과는 타르탈리아의 대승리로 끝나고, 그는 크게 명성을 떨쳤다.

그 후에도 타르탈리아는 3차방정식 연구에 전념하여, 1541년 마침내 일반적 해법을 발견하는 데 성공했다. 이것은 수학사에 남는 위대한 업적이었으나, 앞에서 말한 대로 당시의 습관상 타르탈리아도 발견의 내용을 금방 공표하지는 않았다.

〈그림 2-3〉 중세에는 수학자도 '경시'를 했다

　그런데 어느 시대에도 눈치 빠른 사람은 있기 마련으로, 이 소문을 들은 것이 밀라노의 G. 카르다노였다. 카르다노는 교묘한 말로 타르탈리아에게 접근하여, 반드시 비밀을 지키겠다는 약속 아래 3차방정식의 일반 해법을 알아내고 말았다. 하지만 카르다노는 그 약속을 지키지 않았다. 1545년에 『대기술』이라는 책을 발표하고 그 속에서 타르탈리아가 발견한 해법을 공표해 버렸다.

　놀란 타르탈리아는 카르다노에게 엄중히 항의했지만 상대는 몇 수 위인 인물인지라 도무지 결말이 나지 않았다. 화가 머리끝까지 치민 타르탈리아는 카르다노에게 결투장을 보내어 공개적인 장소에서 이 문제를 결말지으려 했으나, 이것도 뜻대로 되지 않아 분을 풀지 못한 채 1557년 이 세상을 떠났다. 그는 비밀을 누설해 버린 자신의 어리석은 행위를 얼마나 후회했을까?

다만 여기서 한 가지 재미있는 일을 깨닫게 된다. 카르다노의 행동은 확실히 비난받아 마땅하겠지만 비밀을 폭로한 『대기술』에서 그는 페로와 타르탈리아가 3차방정식의 해법을 발견했다는 사실에 대해 확실히 언급하고 있다. 즉, 결코 자신이 첫번째 발견자인 것처럼 위장한 것은 아니었다.

어차피 그렇게 간사한 짓을 한 바에야 기왕이면(그렇게 말하면 좀 지나치겠지만) 타르탈리아로부터 선취권의 영예까지도 가로채려 한 것이 아닐까 하는 생각도 들지만, 카르다노는 결코 그렇게까지는 하지 않았던 것이다. 따라서 두 수학자 사이에서 펼쳐진 다툼은 약속을 어기고 비밀을 공표해 버린 일 자체가 문제였던 것으로 생각된다.

이렇게 수학사에서 유명한 이 일화는 16세기 중엽에는 아직 발견의 선취권에 대한 의식이 극히 희박했었다는 것을 말해 주고 있다.

4. 칸트와 '코페르니쿠스적 전회(轉回)'

이탈리아에서 수학자들에 의한 드라마가 연출되고 있을 무렵, 발트해에 가까운 폴란드의 프롬보르크에서 한 위대한 천문학자가 조용히 숨을 거두었다(1543년 5월 24일). 지동설을 제창하여 근대 과학의 탄생에 큰 영향을 끼쳤던 N. 코페르니쿠스였다(그리고 코페르니쿠스가 자기 주장을 개진한 책 『천체의 회전에 대하여』가 출판된 것도 1543년의 일이었다).

그런데 코페르니쿠스의 이름을 들으면 금방 '코페르니쿠스적 전회(轉回)'라는 말을 연상하게 된다. 이런 표현을 처음으로 사용한 것은 18세기 후반에 활약한 독일의 철학자 I. 칸트이다.

2장 비밀로 전수되었던 과학 33

칸트는 『순수이성비판』에서 다음과 같이 썼다.

　"코페르니쿠스는 모든 천체가 관찰자의 주위를 운행한다고 가정
하면 천체 운행의 설명이 잘 되지 않았기 때문에, 천체를 정지시켜
놓고 그 주위를 관찰자가 돌게 하면 더 잘 설명되지 않을까 하는
생각에서 이것을 시도해 보았던 것이다."

　이와 같이 지적한 뒤, 칸트는 자기가 제창한 인식론(認識論)의
학설이 종래의 철학에 비해 마치 천동설로부터 지동설로의 전
회와 필적할 만큼 독자성이 높은 것임을 강조했던 것이다. 말
하자면 자기 주장을 홍보하기 위해 코페르니쿠스를 끌어들인
것이라고도 할 수 있다. 이후, 발상의 전환을 칭찬하는 비유로
서 '코페르니쿠스적 전회'라는 말이 완전히 정착하게 되었다.
　그런데 그토록 혁명적인 발견이라면, 『천체의 회전에 대하
여』에서 코페르니쿠스가 지동설에 대한 선취권을 어떻게 주장
하고 있었는가 하는 것은 매우 흥미로운 일이다. 또 거기에서
부터 후세 사람들의 평가는 어떻든 간에 코페르니쿠스 자신은
자기 주장의 혁신성, 중요성을 어떻게 인식하고 있었던가를 알
아볼 수도 있다.
　그래서 이와 같은 관점으로, 마침 근대 과학이 탄생하던 과
도기를 살았던 천재의 사상을 2장의 마지막에서 자세히 살펴보
기로 한다.

5. 천동설의 괴물

　코페르니쿠스의 시대에도 아직껏 지배적이었던 천동설은 고
대 그리스의 천문학에 근원하고 있다. 거기에 묘사된 기본적인
구조는 잘 알려진 대로 우주의 중심에 놓인 지구 주위를 다른

천체가 회전한다는 소박한 체계이다. 천체의 운동은 일정한 원운동(속도, 궤도의 변화도 없고, 운동의 시초도 끝도 없다)이고, 각각의 천체를 실은 천구(天球)가 동심구 모양의 우주를 만들어 놓고 있다고 생각되고 있었다.

원이나 구는 대칭성이 가장 높고 아름다운 도형이다. 그런 도형의 간결한 조합만으로 우주를 구축한 배경에는, '아름다움과 조화'를 중시한(바꿔 말하면, 자연의 본질에 '아름다움과 조화'를 적용하려 했던) 고대 그리스의 자연관이 있었던 것이다.

그러나 유감스럽게도 현실의 천체 운행은 복잡하여 이같이 단순한 천동설과는 합치하지 않았다. 그중에서도 특히 복잡했던 것은 행성이 그리는 불규칙한 연주 운동(年周運動)이다. 이를테면, 화성은 〈그림 2-4〉와 같이 왔다 갔다 하는 불규칙한 운동을 한다. 이것은 물론 다른 행성과 마찬가지로 지구도 태양 주위를 돌고 있기 때문에 일어나는 겉보기의 운동 때문이지만, 어쨌든 그대로는 천동설을 수습할 방법이 없었다.

그 때문에 천동설에는 여러 가지 수정이 가해졌다. 가장 교묘했던 것은, 천구 위에 다시 복수의 작은 원을 포개고 그것들을 동시에 회전시키는 합성(合成) 운동에 의해서 행성의 비틀거림을 설명한 일이다. 또 지구의 위치를 우주의 중심으로부터 약간 비껴 나가게 하는 조작 등도 행해졌다.

당연한 일이지만 시대와 더불어 천문학의 관측 데이터가 축적되고 상세해지기 때문에, 그에 따라서 필요한 수정의 정도도 증가하게 된다. 그리하여 코페르니쿠스의 시대에는 천구 위에 포개어진 원의 수가 수십에 이르러 그것이 사슬처럼 이어져 버렸다. 그렇게 되면 일정한 원운동이라는 우주의 근본 원리도

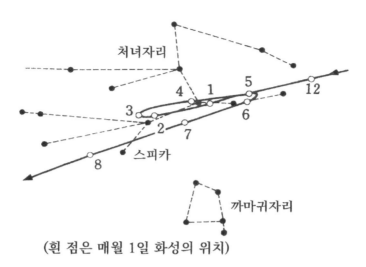

처녀자리

4 1 5 12

3

6

2 7

스피카

8

까마귀자리

(흰 점은 매월 1일 화성의 위치)

〈그림 2-4〉 화성의 불규칙 운동의 예(1981년 12월~1982년 8월)

〈그림 2-5〉 복잡하고 기괴한 천동설!

파탄을 일으키고 만다.

"억지가 통하면 도리가 뒷걸음친다"는 속담도 있듯이, '지구를 움직이지 않겠다'는 억지 때문에 어느 틈엔가 하늘 위의 세계는 긴 사슬을 질질 끌고 가는 복잡한 체계로 바뀌어 버렸고, 아름다움과 조화에 뿌리박은 고대 그리스의 자연관은 크게 손상되었던 것이다. 한 마디로 말해서, 우주는 지극히 추악한 모습으로 변모해 버렸다.

이런 16세기 전반의 상황을 코페르니쿠스는 "천문학자는 마치 우주를 괴물처럼 추악한 것으로 만들어 버렸다"고 한탄하고 있다.

6. 코페르니쿠스의 본심

한탄했다는 것은 코페르니쿠스에게는 당시의 우주 체계가 어딘가 부자연스럽게 느껴졌기 때문이리라. 『천체의 회전에 대하여』를 읽어 보면, "이럴 리가 없다!"는 코페르니쿠스의 소박한 호소가 들려온다.

즉, 코페르니쿠스가 지동설을 제창한 계기는 다른 천문학자보다 더 정교하고 치밀한 관측 데이터를 가지고 있었다거나 천체의 운행을 역학적으로 설명할 수 있었기 때문이 아니라, 아름다움과 조화를 온통 무너뜨려 버린 천동설을 참을 수가 없었기 때문이었다. 참다못하여, 고대 그리스의 자연관을 되찾기 위해 지구를 움직여 버렸다는 느낌이 든다.

지구를 움직인다는 희생을 치르기만 하면, 복잡하고 기괴한 수정을 하지 않더라도 겉보기 운동으로서의 행성의 비틀거림을 설명할 수 있다. 그렇게 되면 지구 대신 태양이 우주의 중심을 차지하게 되지만, 그 주위를 각 천구가 동심구 모양으로 회전한다는 간결하고 아름다운 체계를 회복할 수 있다고 코페르니쿠스는 생각했던 것이다.

아마도 코페르니쿠스의 의식 가운데는 자신의 업적이 마침내 근대 과학을 확립하게 되리라는 등의 건방진 마음은 없었을 것이다. 오히려 그 반대로, 방금 말했듯이 고대 그리스 자연관으로의 복귀를 바라고 있었다고 생각된다.

사실 코페르니쿠스는 『천체의 회전에 대하여』의 첫머리에서, 지구가 움직이고 있다고 생각한 것은 결코 자신이 처음이 아니라 이미 몇몇 고대의 선현(先賢)들이 같은 주장을 제창하고 있었다고 구체적인 이름을 들어 논술하고 있다. 혁신성에 가치를 두지 않고 고대 학문의 권위를 존중하는 정신이 여전히 강했던 시대였다는 것을 알 수 있다. 이런 점에서 코페르니쿠스 자신의 생각과 후세 사람들이 멋대로 정착시킨 '코페르니쿠스적 전회'라는 칭찬의 말 사이에는 본질적인 착오가 존재하는 듯하다.

이같이, 코페르니쿠스에게서조차 선취권을 소리 높여 주장하는 자세는 보이지 않았다. 선두 차지를 최고로 보는 풍조의 발생은 근대 과학이 확립되는 17세기(그것은 흔히 '과학 혁명'의 시대로 불린다)를 기다려야 했다.

이렇게 지연되기는 했지만, 방금 '혁명'이라는 말을 썼듯이 선취권에 대한 의식도 17세기로 접어들면서 꽤나 극적으로 싹트기 시작했다. 그리고 그 선두를 달린 사람이 바로 개성이 풍부했던 천재 갈릴레이이다.

그러면 갈릴레이의 분투를 시초로 과학자의 치열한 선두 다툼의 상황을 역사를 따라 살펴보기로 하자.

3장
선취권을 에워싼 갈릴레이의 투쟁

1. 망원경의 발명

근대 과학의 탄생에서 그 중심적, 선도적 역할을 한 것은 뭐니 뭐니 해도 천문학 분야이다. 코페르니쿠스의 지동설을 지지하고 새로운 자연관을 확립하는 데에 공헌한 17세기 천재들(J. 케플러, G. 갈릴레이, I. 뉴턴 등)의 계보와 업적이 그 상황을 선명하게 말해 주고 있다.

또 이러한 역사의 발걸음을 반영이라도 하듯이 과학자들의 선취권 다툼도 먼저 천문학상의 발견을 에워싸고 펼쳐졌다. 그 최초의 주역이 된 사람이 갈릴레이이며 갈릴레이를 천체 관측에 열중하게 한 것은 당시(17세기 초)에 막 발견된 망원경이었다.

망원경을 최초에 만든 것이 누구인지 정확하게 밝히기는 어렵지만, 스스로 발명자라고 자칭하고 나선 사람 가운데 하나가 네덜란드의 안경 제조업자였던 H. 리페르스헤이이다.

발명의 계기에는 다분히 우연이 작용했겠지만, 어쨌든 먼 곳에 있는 것을 가까이 끌어당겨 확대해 보이는 문명의 이기의 발명에 흥분한 리페르스헤이는 1608년 10월 2일, 네덜란드 의회에 망원경의 특허를 신청했다.

그러나 리페르스헤이의 행동에 호응이라도 하듯 그 외에도 망원경을 고안했노라고 자칭하고 나선 인물이 잇따라, 의회는 그 판정에 골치를 앓게 되었다. 난처해진 의회가 결국 아무에게도 특허를 인정하지 않았기에 리페르스헤이의 소망은 이루어지지 못했다.

좀 가엾은 생각이 들기도 하지만, 이 편리한 도구는 눈 깜짝할 사이에 온 유럽으로 퍼졌고 이듬해인 1609년에는 그 소문이 갈릴레이가 사는 이탈리아의 파도바까지 전해졌다. 그때의

〈그림 3-1〉 망원경의 특허를 누구에게 줄 것인가?

상황을 갈릴레이는 1610년에 발표한 『성계(星界)의 보고』에서 다음과 같이 적고 있다.

"약 10개월쯤 전에, 어느 네덜란드인이 일종의 안경을 제작했다는 소문을 들었다. 그것을 사용하면, 대상이 관측자로부터 멀리 떨어져 있는데도 가까이에 있는 듯이 또렷하게 보인다는 것이다. 실제로 눈으로 보고 그 놀라운 효과를 확인했다는 사람도 있었다. 믿는 사람이 있는가 하면, 부정하는 사람도 있었다. …… 그래서, 마침내 직접 같은 종류의 기계를 발명할 수 있도록 그 원리를 찾아내고 방법을 연구하는 일에 몰두했다. 그로부터 얼마 후, 굴절 이론(屈折理論)을 바탕으로 그것을 발견했던 것이다."

이리하여 갈릴레이는 손수 만든 망원경으로, 이제부터 소개할 것과 같이 육안으로는 잡을 수 없었던 새로운 우주의 모습을 차츰 밝혀 나가게 되었다.

그러나 갈릴레이의 시대에는 학자가 손을 더럽혀 가면서 도

〈그림 3-2〉 갈릴레이는 망원경을 천체 관측의 도구로 삼았다

구나 기계를 만드는 풍조는 거의 없었다. 그런 일은 장인들이 하는 일이라 하여 한층 낮게 평가하고 있었다. 하지만 갈릴레이는 이런 편견에 사로잡히지 않았다. 반대로 장인들의 전통을 적극적으로 도입하여 새로운 학문〔단순히 사변적(思辨的)인 단계에 머무는 것이 아니라 실험, 관측에 바탕하는 실증성(實證性), 객관성이 높은 학문〕을 낳으려 했던 것이다. 말하자면 자연에 도전하는 진취성이 풍부했다고 할 수 있다.

망원경의 제작도 갈릴레이의 진취성의 발로였다. 그리고 그는 그것을 천문학의 관측 도구로 전용(轉用)하는 대담한 행위를 했다. 즉 지상의 풍경을 바라보는 것이 아니라, 망원경을 우주로 돌렸던 것이다.

2. 새로운 우주관

그러나 코페르니쿠스의 죽음으로부터 이미 반세기 이상이 지난 17세기 초에도 천동설은 아직 지배적인 영향력을 지니고 있었다. 그리고 이 예로부터 전해 온 우주관에 따르면 세계는 달 위쪽의 '천상계(天上界: 천체의 세계)'와 달 아래쪽의 '월하계(月下界: 인간이 사는 세계)'로 엄격하게 구별되고, 이 두 영역은 전혀 이질적인 것으로 여겨지고 있었다.

어떻게 이질적인가 하는 예를 들어 보면, 월하계의 물질은 2장에서 말했듯이 불, 공기, 물, 흙의 4원소로 이루어져 있으나, 천체는 월하계에 존재하지 않는 원소인 에테르로 만들어져 있다고 생각되었다. 즉, 천상계와 월하계는 세계를 구성하고 있는 원소가 완전히 다른 것이다.

또 우리 주변에서는 갖가지 현상이 운동이나 물질의 생성과 소멸과 더불어 일어난다. 이에 반해 천상계는 완전히 질서가 수립된 세계로 일체의 변화가 생기지 않는다고 보았다. 갈릴레이는 그러한 천체의 세계에 호기심을 드러내어 망원경을 돌렸던 것이다. 그리고 잇따라 천동설을 밑바닥에서부터 뒤흔들어 놓을 만한 우주의 새로운 모습을 잡아냈다.

먼저, 달의 형상에 대해서 놀라운 발견을 했다. 달은 수정알처럼 매끈한 구체라고 생각되고 있었는데, 망원경으로 바라보자 달 표면은 기복이 많고 지구와 마찬가지로 산과 골짜기로 덮여 있었다. 그래서 태양 광선이 만드는 산 그림자의 길이를 바탕으로 갈릴레이는 달의 산이 어느 정도로 높은가를 계산하기까지 했다. 이리하여 가까이로 끌어당겨 본 달은 기본적으로 지구와 같은 지형으로 되어 있는 것이 밝혀졌고, 천상계와 월하계를 본질적으로 다른 세계로 보는 우주관에 최초의 일격이 가해졌다. 또 달과 지구에서 공통성을 볼 수 있다는 것은, 지구

도 무수히 존재하는 천체 가운데 하나에 불과할지 모른다는 가
능성을 암시하는 것이기도 했다.

갈릴레이가 초기에 이룩한 또 하나의 중요한 성과는 목성 주
위를 네 개의 위성이 돌고 있다는 것을 발견한 일이다. 달이
지구 둘레를 돌듯이 목성도 위성을 가지고 있다. 여기서도 지
구와 다른 천체의 공통성이 발견되었다. 이리하여 지구가 우주
가운데서 결코 특별한 존재가 아니라는 인식이 서서히 정착하
면서 지동설의 지위가 조금씩 굳혀져 갔다.

이상과 같은 갈릴레이의 천체 관측은, 앞의 망원경 이야기에
서 인용한 『성계의 보고』로 재빠르게도 1610년(리페르스헤이의
특허 신청으로부터 2년이 채 안 되는 사이)에 발표되었다. 이 책을
펼쳐 보면, 갈릴레이가 손수 그린 달 표면 스케치와 목성 위성
의 위치 변화를 가리키는 그림 등이 눈에 띈다. 그것은 문장과
는 또 다른 박진감을 가지고 갈릴레이의 새로운 발견에 대한
흥분을 우리에게 전해 준다.

아니, 흥분한 것은 갈릴레이만이 아니었다. 『성계의 보고』는
초판 500부가 금방 매진되었고, 갈릴레이의 작업장에서 제작된
망원경도 날개 돋친 듯 잘 팔려 나갔다고 한다. 책의 인세(印稅)
와 망원경의 매상으로 갈릴레이의 주머니도 그만큼 두둑해졌다
고 한다. 주머니 사정이야 어쨌든, 망원경이 보급되자 갈릴레이
도 언제까지나 한가하고 편하게 지낼 수는 없게 되었다.

이같이 인간의 시각 능력을 증대시키는 편리한 도구가 발명
되기 전에는 말할 나위도 없이 천체 관측은 육안으로 행해지고
있었다. 육안 관측에도 16세기 말에 활약한 T. 브라헤와 같이
관측 오차가 각도로 2~3분(′: 1′은 1°의 1/60)인 매우 정교하고

〈그림 3-3〉 '선수를 치면 그만큼 유리하다'. 갈릴레이의 주머니도 두둑히

치밀했던 예도 있기는 하지만, 아무리 노력한들 결국은 보이는 물체밖에는 볼 수가 없었다. 브라헤가 아무리 응시한들 달의 크레이터(달의 표면에 있는 울퉁불퉁한 분화구)나 목성의 작은 위성이 보이는 것은 아니다. 그런데 반대로 망원경을 들면, 누구라도(굳이 갈릴레이가 아니더라도) 이러한 우주의 새로운 모습을 잡을 수 있는 것이다. 물론 그저 막연하게 망원경을 들여다보는 것만으로 쉽사리 새로운 발견을 하는 것은 아니다. 하지만 그 나름의 문제의식을 가지고 끈기 있게 천체 관측을 계속하면 누구에게나 대발견의 기회는 돌아오는 것이다. 그러나 결국에는 남보다 빠른 사람이 경쟁에서 이기게 된다.

이렇게 되자 갈릴레이는 발견의 선취권을 지금까지처럼 독점하고 있을 수만은 없게 된다. 사실 『성계의 보고』가 평판에 오를 무렵부터 갈릴레이의 선취권을 에워싼 투쟁이 시작되었던 것이다.

3. 태양 흑점의 선취권 다툼

1610년 7월, 갈릴레이의 관심은 태양으로 돌려졌다. 앞에서 설명했듯이, 천동설에 따르면 천상계(태양도 거기에 속한다)에서는 일체의 변화, 생성, 소멸은 일어나지 않는 것이었다.

그런데 이 일어날 리가 없는 일이 태양에서 일어나고 있는 것을 갈릴레이는 알아챘다. 그것은 태양 표면에 나타났다가는 사라지고, 사라졌다가는 다시 나타나는 검은 무늬(흑점)의 존재였다. 또 관측을 계속하자, 흑점이 태양 표면을 이동하면서 시시각각으로 형상을 변화시키고 있다는 것도 알았다(또 태양을 직접 바라보다가는 눈이 타 버리기 때문에, 망원경을 이용해 태양의 모습을 흰 종이 위에 투영시키는 방법을 취했다).

신성한 태양에서도 이러한 변화가 일어나고 있다는 발견은 예로부터 내려온 우주관에 있어서는 충격적인 큰 사건이었다. 천동설의 붕괴는 이미 시간문제가 된 것이다.

그와 동시에 태양 흑점의 존재를 알아챈 사람도 많이 나타나기 시작했다. 그중 한 사람인 예수회의 C. 샤이너 신부는 1611년 말, 아우크스부르크의 정치가 M. 베르저(그는 학문에도 조예가 깊은 명사였다)에게 보낸 편지 가운데서 태양 흑점 발견의 선취권을 표명하고 그 이듬해 초, 관측 성과를 『태양 흑점론』으로 출판했다. 다만 샤이너는 예수회의 신부라는 자신의 '사회적 입장'을 고려하여 '아페레스'라는 필명을 사용하고 있었다.

어쨌거나 선취권 선언에서 한 걸음 뒤진 갈릴레이는 여기에 아연실색하여, 반격에 나선다. 베르저로부터 샤이너의 책을 받은 갈릴레이는 곧 회답을 써서 자기는 이미 1년 반 전에 태양

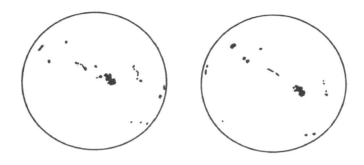

〈그림 3-4〉 갈릴레이가 그린 태양 흑점 스케치의 예시

흑점을 발견했고, 그 이후 계속하여 자세한 관측을 하고 있노라고 밝혔다. 또 그 일에 대해서는 많은 친구들이 인정하고 있다는 것을 덧붙여 선취권이 자기에게 귀속된다는 주장을 밝히고 있다. 또 갈릴레이의 관측은 1613년 3월, 『태양 흑점에 관한 편지』로 로마에서 출판되었다.

샤이너와 갈릴레이는 같은 현상을 발견하고 각각 선취권을 주장한 셈이지만 태양 흑점이 생기는 원인에 대해서는 서로가 전적으로 다른 견해를 갖고 있었다.

샤이너는 태양을 도는 별이 태양 표면에 그림자를 떨구고, 그 그림자가 흑점으로 관측된다고 생각하고 있었다. 즉, 태양 자체에 어떤 변화, 생성과 소멸이 일어나는 것으로는 보지 않았던 것이다. 샤이너로서는 천상계는 불변하며 완전하다는 예로부터 내려온 우주관에 반하지 않으면서, 어떻게든지 새로운 현상을 설명하고 싶었을 것이다.

한편 갈릴레이는 이러한 샤이너의 견해에 정면으로 반대했다. 날마다 볼 수 있는 흑점의 형상 변화, 위치의 이동을 정밀하게 관측한 갈릴레이는, 흑점은 별의 그림자 같은 것이 아니라 태양 표면 자체에 생기는 현상이라는 것을 정교하고 치밀한 데이터를 구사하여 논파(論破)했던 것이다. 또 갈릴레이는 흑점의 운동으로부터 태양이 약 1개월의 주기로 자전하고 있다는 것을 지적하였다. 예로부터 내려온 우주관에 구속되어 있던 샤이너에게는 도저히 거기까지 내다볼 여유도, 소지도 없었다.

이리하여 갈릴레이는 『태양 흑점에 관한 편지』에서 샤이너의 설에 대한 반론을 과감하게 전개하고 자기 주장이 옳다는 것을 강조했다. 그것은 곧 흑점의 발견을 갈릴레이가 지극히 중요시하고 있었기 때문일 것이다(아마 『성계의 보고』와 더불어 천동설을 뒤집는 유력한 증거의 하나가 될 것이라고 생각했을 것이다). 그런 만큼 발견의 선취권도 절대로 남에게 양보할 수 없는 일이었다. 갈릴레이의 표현으로부터 전해지는 격렬함에는 그의 이런 생각이 담겨 있는 듯이 느껴진다.

그런데 샤이너, 갈릴레이 말고도 독일의 J. 파브리시우스, 영국의 T. 해리엇 등이 거의 같은 시기에 태양 흑점의 존재를 알아채고 있었다. 따라서 누가 최초의 발견자인가를 엄밀히 판정하는 것은(인정 기준의 설정 방법이나 신뢰할 수 있는 기록의 유무 등에 의해서) 매우 어려운 것 같다.

그러나 관측의 정확성, 문제의식의 깊이, 관측 결과의 해석에서 볼 수 있는 과학적인 태도, 후세의 연구에 끼친 영향 등의 요소를 종합하여 판단하면 초기의 태양 흑점 관측에서 갈릴레이의 업적이 단연코 앞서 있다는 것은 틀림없는 일일 것이다.

〈그림 3-5〉 태양 흑점이 별의 그림자라고? 천만에!

4. 이상한 편지

이야기는 다시 1610년으로 되돌아가는데, 그해에 선취권에 대한 갈릴레이의 강한 집착을 상징하는 또 하나의 사건이 일어났다. 8월에 갈릴레이로부터 토스카니 공국(公國)의 대사로 프라하에 부임해 있던 J. di 메디치에게 이상한 편지가 날아왔다.

편지에는 갈릴레이가 무언가 천문학상의 발견을 했다는 것이 암시되어 있었다. 그런데 그 핵심적인 발견의 내용은

SMAISMRMILMEPOETALEUMIBUNENUGTTAUIRAS

이라는 암호문(문자의 애너그램)으로 치환되어 있었다. 이것으로는 무엇을 가리키는 것인지 도무지 알 수가 없었다.

그러나 감추어진 것을 알고 싶어 하는 것은 인지상정이다. 더욱이 천문학자라면 갈릴레이의 새로운 발견을 알고 싶다는 충동을 억누르기 어려웠을 것이다.

그 충동을 도무지 억제할 수 없었던 사람이 마침 이때 갈릴레이의 편지가 닿은 프라하에서 황제 루돌프(Ludolf) 2세의 궁정(宮廷) 천문학자로 있던 J. 케플러였다.

케플러는 1600년에, 앞에서 소개했던 당대 제1의 천문 관측자인 브라헤를 의지하여 오스트리아로부터 프라하로 옮겨 와 있었다. 브라헤는 얼마 후에 죽었지만, 그가 남긴 방대한 관측 기록을 바탕으로 케플러는 1609년 태양을 도는 행성의 운동에 관한 두 가지 법칙(이른바 '케플러의 제1, 제2 법칙')을 막 발표했다(그리고 제3 법칙은 1619년에 발표되었다). 또 케플러는 지동설을 지지하는 위대한 선배로서 갈릴레이의 업적을 존경하고 있었다.

그런 만큼 케플러는 메디치에게 온 암호문의 내용이 무척이나 마음에 걸렸다. 끝내 참다못하여, 자기 자신이 그 해독에 나섰다.

갈릴레이의 애너그램 가운데서 케플러가 맨 처음에 발견한 키워드는 '화성(MARTIA)'이었다. 이것을 실마리로 하여 케플러는

Salve umbistineum geminatum Martia proles.

로 문자 배열을 치환하여, 갈릴레이의 발견을 "화성에는 두 개의 위성이 존재한다"는 내용으로 판독했던 것이다.

하지만 당시 아직 화성의 위성은 그 존재가 알려져 있지 않았다. 따라서, 케플러는 갈릴레이가 목성에 이어 화성에서도 위성을 발견한 것이라고 단정했을 것이다.

착안점은 나쁘지 않았지만, 케플러의 해독 작업은 유감스럽게도 헛수고로 끝났다. 얼마 후 갈릴레이가 공표한 암호문의

〈그림 3-6〉 모처럼의 새로운 발견을 일부러 암호로 하다니!(케플러)

정확한 풀이는

Altissimum planetam tergeminum observavi.

이며, "토성이 세 개의 별로 구성되어 있는 것을 관측했다"는 내용이었다.

이것은 곧 토성의 고리를 발견한 것을 말하는데, 갈릴레이의 망원경으로는 그 모습을 선명하게 잡기가 불가능했을 것이다(고리가 확인된 것은 1655년, 네덜란드의 H. C. 하위헌스에 의해서이다). 갈릴레이는 토성의 양쪽에 작은 별이 두 개 늘어선 스케치를 남겨놓았다.

그런데 같은 해의 12월, 갈릴레이는 또다시 메디치에게 암호로 쓴 편지를 보내왔다.

여기서 그 애너그램을 인용하는 일은 생략하지만, 이번에도 해독을 시도한 케플러는 "갈릴레이가 목성에서 회전하는 붉은 반점을 발견했다"는 것으로 풀이했다.

그러나 이번에도 케플러의 예상은 빗나갔다. 얼마 후에 갈릴레이는 금성에도 달과 마찬가지로 차고 기우는 현상이 일어나고 있다는 것을 공표했던 것이다(이 발견도 지동설의 정당성을 뒷받침하는 유력한 증거였다).

이리하여 갈릴레이의 암호문에 휘둘린 케플러는 민망한 꼴이 되고 말았다.

5. 암호에 숨겨 놓은 선취권

그렇다면 왜 갈릴레이는 일부러 암호문 같은 것을 만들었을까? 그리고 왜 그것을 신분이 높은 사람들에게 보내곤 했을까? 이것은 이미 짐작했으리라고 생각되지만, 이러한 복잡한 수단을 강구함으로써 갈릴레이는 새로운 발견의 선취권을 확보하려 했던 것이다.

새삼 말할 필요도 없이, 토성의 고리[엄밀하게 말하면 갈릴레이는 삼중성(三重星)이라고 생각했던 셈이지만]도 금성이 차고 기우는 것도 그때까지의 우주관으로는 상상조차 하지 못할 발견이었다. 그런 만큼 발견이 틀림없는 사실이라고 확인될 때까지 관측에 충분한 시간을 들일 신중성이 필요했다. 특히, 갓 발견된 망원경의 성능을 감안한다면 그런 생각은 더했을 것이다. 새로운 발견에 들떠서 서둘러 발표했다가 나중에 그것이 오인이라고 확인되면 그야말로 큰일이다.

그렇다고 해서 지나치게 신중을 기하다가는 누구에게 선두를 빼앗기게 될지 모른다. 그러므로 공표 시기를 잡기란 여간 어렵지가 않다.

그래서 갈릴레이는 암호문이라는 교묘한 방법을 착상했을 것이다. 이 속에 중요한 사항을 숨겨 두면 그동안에 관측 시간을 벌 수 있다. 그리고 충분히 확신이 섰을 때, 새 발견을 공표하는 것이다.

반대로 누군가가 같은 발견을 먼저 발표했을 경우에는 암호문을 해석하여 그 내용을 밝히면 된다. 권위 있는 사람에게 보낸 편지의 발신 일자로 거슬러 올라가서 자기에게 선취권이 있다는 것을 당당하게 주장할 수 있는 것이다.

또 이런 목적으로 암호문을 이용하는 풍조는 학술 잡지가 정기적으로 간행되고 그것이 선취권 인정의 공적인 자리로 기능을 발휘하기 시작하는 17세기 후반까지 계속되었다(앞에서 등장한 하위헌스나 뉴턴조차도 암호문을 사용하고 있다).

갈릴레이는 수많은 위대한 발견을 이룩했지만, 또 한편에서는 지금 보아 왔듯이 선취권 확보의 수단에 대해서도 남보다 앞섰던 듯하다. 그런데 샤이너에 대한 통렬한 반론이나 암호문의 창안만 하더라도, 거기에 갈릴레이의 개성이 강하게 나타나 있는 것은 말할 나위가 없다. 그러나 그것을 한 천재의 특이성으로만 처리해 버린다면 사태의 한 측면만을 보고 있다는 느낌이 든다.

1장의 마지막에서 언급했듯이, 자연 과학은 근원적으로 인간을(갈릴레이 한 사람뿐만 아니라 일반적으로) 치열한 선취권 다툼으로 몰아세우지 않고는 못 배기는 학문인 것이다. 그 일면이 재빠르게도 근대 과학의 요람기에 갈릴레이의 행동을 통해서 철저하게 나타났다고 보아야 할 것이다.

6. 케플러의 뒷날 이야기

갈릴레이의 투쟁에 대해서는 이상으로 일단락 짓지만, 이대로 이 장을 마쳐 버린다면 갈릴레이 때문에 암호문에 농락당한 케플러가 약간은 불쌍하게 생각된다. 그래서 여담이 되겠지만 그 후의 전말을 간단히 소개하기로 한다.

케플러의 생전(그는 1630년에 죽었다)에는 이루어지지 않았지만, 그가 갈릴레이의 암호문을 틀리게 해독했던 내용 두 가지가 다 진실이라는 사실이 후에 증명되었던 것이다.

밝혀진 순서에 따라 설명하면 먼저, 1665년에 이탈리아의 J. D. 카시니가 목성에서 회전하는 붉은 반점을 발견하였다. 또 1877년에는 미국의 A. 홀이 화성에 두 개의 위성이 존재하는 것을 발견하여 '포보스'와 '데이모스'로 명명했다.

이 이야기를 들으면 케플러도 천국에서 약간은 가슴이 후련할지 모른다. 아무리 갈릴레이라 한들 애너그램 속에 끼어들었던 우연에 대해서까지 발견의 선취권을 주장할 권리는 없을 터이니까 말이다.

아무리 우연이라고는 하나 이렇게까지 묘하게 이야기가 진전되는 것을 보면 왠지 어떤 인연 같은 것이 느껴지기도 한다.

4장
뉴턴과 거인의 어깨

1. 대학가의 카페

필자가 근무하는 대학은 캠퍼스와 주위의 상가가 혼연일체를 이루고 있는 느낌을 주고(저녁 때가 되면 장바구니를 낀 아주머니들이 돌아다니고 체육관 앞에서는 근처의 아이들이 공놀이에 열중하고 여름에는 벤치에서 바람을 쐬는 아저씨들이 웅성거리는 식으로) 그런 만큼 주위에는 수많은 카페들이 눈에 띈다.

그래서 모임의 집합소가 되어 있는 탓인지 언제나 학생들의 시끌벅적한 얘기 소리로 떠들썩하다. 조금 차분한 분위기를 지닌 카페를 들여다보면 교수와 몇 사람의 학생이 세미나의 연장인지 커피를 마시면서 토론을 계속하고 있는 광경도 볼 수 있다. 그런 환경 속에서 생활하노라면 일에 지치거나 하던 일이 잘 진척되지 않을 때면 무의식중에 동료들과 더불어 카페에 가서 기분 전환을 꾀하게 된다.

이것이 게으름을 피우고 있는 듯이 보이기는 하지만(왠지 변명 같은 기분이 든다) 이런 대화의 장소를 통하여 동료 간의 자그마한 연구회가 생기거나 연구 주제의 착상이 떠오르는 일이 있기도 하다(그러고 보니 이 책도 카페에서의 잡담으로부터 탄생했다).

이와 같은 광경이 지금으로부터 300년 전에 런던의 한 카페에서 펼쳐지고 있었다. 그리고 그 광경 속에서 근대 과학의 금자탑(金字塔)이 된 뉴턴의 역학이 확립되는 간접적인 원인을 찾을 수 있다.

그러면 타임머신을 타고 1684년 1월의 런던으로 되돌아가서 어느 한 카페를 들여다보기로 하자.

〈그림 4-1〉 런던의 커피 하우스 풍경

2. 런던의 커피 하우스

카페는 많은 손님들로 가득하다. 정치 얘기에 꽃을 피우고 있는 사람, 신문을 탐독하고 있는 사람(당시, 많은 사람들이 모여드는 카페에는 항상 신문이 비치되어 있었다), 취미가 같은 동호인들의 모임 등으로 그곳은 런던 시민의 사교장으로서 활기를 띠고 있었다.

그런 카페의 한구석에 뭔가 심각한 표정으로 주위의 시끌벅적한 분위기 따위는 아랑곳하지 않고 논의에 열중하고 있는 세 사람이 있었다. 한 사람은 20대 후반의 젊은이, 두 사람은 50대 전후로 보이는 신사였다.

　세 사람의 정체를 알아보기 위해 타임머신을 좀 더 그들이 있는 자리로 접근시켜 보자. 아무래도 젊은이는 천문학자인 E. 핼리(핼리 혜성의 발견자), 중년의 신사는 R. 훅('훅의 법칙' 등으로 알려진 과학자)과 C. 렌(센트폴 사원 등을 설계한 건축가)인 듯하다. 이 세 사람은 런던 왕립협회의 동료들로 렌은 회장, 훅은 사무국장을 맡고 있으며 핼리는 지난해에 이 협회의 회원으로 갓 가입했다.

　이만큼 쟁쟁한 인물들이 한자리에서 만나고 있다면 무슨 말을 하고 있는지 알고 싶어진다(그것은 틀림없이 역사의 중요한 한 토막이 될 것 같으므로). 그러니 얘기에 방해가 되지 않게 주의하면서 그들의 논의에 귀를 기울여 보기로 하자.

3. 행성은 어떤 궤도를 그릴까?

　화제는 천체의 운동에 관한 것이었다. "태양으로부터 거리의 제곱에 반비례하여 감소하는 힘(중력)의 작용을 받을 때 행성은 어떤 궤도를 그릴까?" 하는 것이 논의되고 있었다.

　당시 세 사람은 모두 이 문제에 큰 관심을 품고 있었지만 수학적으로 천체의 운동 법칙을 도출하는 데까지는 이르지 못하고 있었다. 결국 그날도 명쾌한 결론을 얻지 못한 채 그들은 카페를 나왔다. 세 사람만으로는 더 논의를 계속해 본들 좀처럼 사태가 진척될 것 같지 않았기 때문일 것이다.

　그해 5월, 제일 젊은 핼리는 케임브리지를 방문하여 트리니티 칼리지의 교수로 있던 뉴턴에게 이 문제를 제시해 보았다. 그러자 놀랍게도 뉴턴은 아주 명쾌하게, 그 문제라면 이미 자신이 벌써 해결해 놓은 일이라고 말했다.

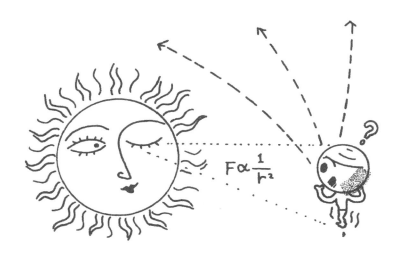

〈그림 4-2〉 태양의 중력을 받으면 행성은 어떤 궤도를 그릴까?

그로부터 반년 후 뉴턴이 핼리에게 「운동에 대하여」라는 논문을 보내왔다. 거기에는 행성이 중력의 작용을 받아 태양 주위에 타원형을 그린다는 증명이 기술되어 있었다.

감동한 핼리는 곧 뉴턴에게 그 내용을 더 자세하게 정리된 책으로 발표해 달라고 호소했다. 핼리의 열성이 통했는지 뉴턴은 집필에 착수하여, 1687년 역사에 남을 명저 『자연 철학의 수학적 원리』(이 책은 줄여서 『프린키피아(Principia)』로 불린다)가 세상에 나왔다. 여기에 뉴턴 역학의 기초가 다듬어졌다.

또 방금 '핼리의 열성'이라는 표현을 사용했는데, 『프린키피아』의 출간에 이르기까지의 핼리의 노력은 예사로운 것이 아니었다. 핼리는 기획, 편집, 교정 등의 일을 혼자서 도맡아 했고 뉴턴을 위해 출판 비용까지 떠맡았다(뉴턴은 이러한 핼리의 헌신적인 협력에 대해 『프린키피아』의 서문에서 감사의 뜻을 나타내고 있다). 어쨌든 핼리는 그만큼 뉴턴의 실력에 반했고 업적의 위대함에 넋을 잃었다는 이야기가 될 것이다. 커피 하우스에서의 논의로부터 2년 반 후의 일이었다.

4. 견원지간—뉴턴과 훅

이렇게 하여 『프린키피아』가 경사스럽게 출판되었는데, 그와 병행하여 뉴턴과 훅 사이에서 치열한 선취권 다툼이 일어났다.

『프린키피아』의 초고를 본 훅은 중력이 거리의 제곱에 반비례한다는 것을 최초로 발견한 것은 자신이라고 주장하며, 뉴턴이 자신의 착상을 무단으로 이용했다고 비난했던 것이다.

사실을 말하면 이 두 사람은, 그전에도 수년에 걸쳐 광학(光學)에 관한 논쟁을 펼친 일이 있어 꽤나 사이가 나빴던 것 같다. 그런 만큼 선취권을 에워싼 분쟁은 학문상의 논쟁이라기보다는 다분히 감정적인 충돌의 양상을 드러내고 있었다.

도둑놈으로 불려 격노한 뉴턴은 훅의 주장을 물리치며 한 걸음도 양보할 기색을 보이지 않았다. 뉴턴으로 말하자면 중력의 법칙에 관심을 품고 그 연구에 착수한 것은 대학을 졸업한 직후(『프린키피아』를 출판하기 20년 이상이나 전)였다는 자부심이 있었다.

뉴턴이 대학(케임브리지의 트리니티 칼리지)을 졸업한 것은 1665년의 일인데 이해 영국에는 페스트가 만연하여 대학이 얼마 동안 폐쇄되어 버렸다. 뜻밖의 '휴가'를 고향인 울즈소프에서 혼자 조용히 보내고 있던 뉴턴은 이 시기에 중력의 법칙과 미적분법 등의 기초를 다듬고 있었다. 그런 만큼 선취권에 관해서 훅으로부터 '트집'을 잡혀야 할 일은 전혀 없었던 것이다.

한편, 훅도 중력과의 관계가 오래된 데다 1680년에는 뉴턴에게 보낸 편지 가운데서 자신의 주장을 개진하고 있었다. 이런 일들이 계기가 되어 훅은 앞에서 말한 것과 같은 항의를 취했던 듯하다.

그런데 이 두 거인들의 대립에 속을 썩이며 사태 수습을 위해 두 사람 사이를 바쁘게 쫓아다닌 것은 핼리였다. 결국, 핼리의 중재에 의해 뉴턴이 『프린키피아』에서 훅의 존재를 언급하기로 하는 선에서 이럭저럭 결말을 보았다.

그러나 그런 말을 듣고 『프린키피아』를 펼쳐 보아도, 웬만큼 주의해서 보지 않는 한 훅의 이름은 발견되지 않는다. 그도 그럴 것이 중력이 거리의 제곱에 반비례한다는 것을 설명한 명제(命題)의 주석에 "렌, 훅, 핼리도 독립적으로 이 일을 고찰했다"고 언급되어 있는 데 불과하기 때문이다.

사과나무의 에피소드가 상징하듯이 뉴턴의 이름을 들으면 누구라도 금방 중력의 발견을 생각해 낸다. 이것은 물론 『프린키피아』를 통해서 역학의 체계를 확립했다는 위대한 업적이 있었기 때문이다.

그 때문이기는 하지만 그때 뉴턴의 이름을 이토록 빛나게 만든 한 요인은 중력의 선취권 다툼에서 승리를 거둔 일일 것이다. 한편, 투쟁에서 진 훅의 이름을 『프린키피아』의 '주석' 속에서 찾는 사람은 지금에 와서는 거의 아무도 없을 것이다.

그런데 참고삼아 한마디 한다면 뉴턴과 훅, 양자의 주장 가운데서 어느 쪽이 옳다든가 훅의 연구가 뉴턴에게 어느 정도의 영향을 끼쳤을까 하는 등의 문제를 논의하는 것은 이 장의 목적이 아니다. 그것은 그 나름으로 흥미로운 주제라고 할 수는

〈그림 4-3〉『프린키피아』 발간 300년의 기념우표

있겠지만, 이런 논의는 과학사(科學史)에 관한 적당한 책에 미루고 싶다.

여기서 주목하고 싶은 것은, 이만한 두 거인들(케임브리지대학의 교수와 왕립협회의 사무국장)이 수치도 외부의 소문도 아랑곳하지 않고 공공연히 감정을 드러내어 선취권 다툼을 연출했다는 사실이다.

그것은 천재를 이토록 미치게 만드는 불가사의한 '마력'(선취권이라는 이름의 마력)이 바로 자연 과학이라는 학문에 잠재해 있기 때문이다.

5. 라이프니츠와의 선취권 다툼

훅을 상대로 한 중력 논쟁과 더불어 또 하나 유명한 것이 뉴턴과 독일의 수학자 G. W. F. von 라이프니츠 사이에서 벌어진 미적분법의 선취권 다툼이다.

라이프니츠가 이 새로운 수학을 발견한 것은 외교관으로 파리에 부임해 있던 1675년의 일이었다(당시 라이프니츠의 노트에서 현재 우리가 사용하고 있는 적분 기호 ∫와 미분 기호 d를 볼 수 있다). 그리고 1684년, 라이프니츠는 그 성과를 논문으로 정리하여 라이프치히의 학술 잡지에 발표했다. 미적분에 대한 공개된 논문으로는 이것이 최초였다.

한편, 뉴턴은 앞에서 언급했듯이 라이프니츠보다 10년이 빠른 1665년(페스트를 피해 시골로 돌아와 있었을 때), 미적분의 착상을 품고 그 기초 작업을 하고 있었다. 다만, 뉴턴의 경우 논문의 초고가 일부 수학자들 사이에서 돌아가며 읽히고 높은 평가를 받고 있기는 했지만 연구 성과를 널리 공표한 것은 아니었다. 따라서 라이프니츠의 연구는 완전히 독립적으로 이루어졌으며 뉴턴보다 한 걸음 앞서 정식 논문으로 저술하게 되었던 것이다.

그런데 뉴턴이 처음으로 미적분을 공표한 것은 『프린키피아』(1687)에서였다. 그리고 좀 의외로 느껴지지만 거기서 라이프니츠의 이름을 들고 그도 자신과 같은 방법에 도달했다고 일부러 소개하고 있다. 이것은 아마 미적분의 발견은 자기 쪽이 훨씬 빨랐다는 우월감과 『프린키피아』라는 대작을 이룩한 자신감에서 오는 마음의 여유가 그때의 뉴턴에게 있었다는 것을 말하고 있는 듯하다. 즉, 이 시점에서는 아직 가시 돋친 선취권 다툼은 보이지 않았던 것이다. 그런데 17세기도 불과 얼마 남지 않은 1699년에 사태는 완전히 달라진다.

그 계기를 만든 것은 스위스로부터 런던으로 와 있던 파티오라는 젊고 상당히 별난 성격의 수학자였다. 뉴턴을 신봉하고

〈그림 4-4〉 미적분법을 발견한 것은 나다!(뉴턴)

있던 이 젊은이는 미적분의 발견자로서 라이프니츠의 명성이 대륙에서 높아지고 있는 것을 불쾌하게 생각하여, 라이프니츠는 뉴턴의 발견을 훔친 것이 틀림없다고 왕립협회에 고발하고 나섰다. 청천벽력과도 같이 전혀 뜻밖의 일로 비방을 받게 된 라이프니츠는 분개하여 곧 반론에 나섰다.

여기서 뉴턴이 그럴듯하게 냉정히 행동했더라면 이토록 큰일로는 발전하지 않았겠지만, 공교롭게도 당시 파티오는 뉴턴이 무척 아끼던 사람이었다. 그런 만큼 직선적인 성격의 뉴턴은 파티오의 말을 곧이곧대로 듣고 라이프니츠의 반론에 대해 맹렬히 공격을 시작했다. 보통 이런 선취권 다툼은 당사자 가운데 어느 한쪽이(경우에 따라서는 쌍방이 동시에) 논쟁의 불씨를 만드는데, 이번 일은 파티오라는 참견하기 좋아하는 엉뚱한 제3자의 부추김이 빌미가 되고 말았다.

　그러나 계기야 어떻든 일단 불이 붙어 버린 논쟁은 확대 일로의 수라장이 되어 갔다. 게다가 라이프니츠가 베를린 과학아카데미의 원장(1700), 뉴턴이 왕립협회의 회장(1703)으로 각각 취임했기 때문에 개인적인 다툼이라기보다는 국가 간의 위신을 건 투쟁의 양상마저 드러내었다.

　긴 다툼이 겨우 종결된 것은 라이프니츠가 사망한 1716년의 일이었다. 아니, 정확하게 말하면 라이프니츠가 죽은 후에도 뉴턴의 노여움은 풀리지 않았다. 그 증거로 1726년에 출판된 『프린키피아』의 개정판에서는 앞에서 인용한 라이프니츠의 이름은 아예 삭제되고 말았다.

　여기에서도 선취권에 대한 과학자의 끝없이 강한 집착심을 보는 느낌이 든다.

6. 왕립협회는 과학의 정보 센터

　그런데 앞에서부터 여러 번이나 런던 왕립협회(London Royal Society)라는 이름이 등장하고 있는데 이것은 1662년, 과학〔당시의 말로 하면 자연 철학(自然哲學)〕에 관심을 가진 사람들이 모여서 깃발을 세운 단체이다. 국왕으로부터 그 존재를 인가받았기 때문에 '왕립'이라 불리게 되었지만, 회의 운영은 회원의 기부금에 의존하는 동호인의 모임이었다.

　그리고 이 왕립협회의 초대 사무국장을 맡았던 사람이 H. 올든버그라는 브레멘 출신의 독일인이다(그리고 올든버그가 죽은 후 1677년에 혹이 2대째 사무국장에 취임하였다). 독일인이 영국 과학자 모임의 운영을 맡았다는 것은 우리 감각으로는 좀 이상하게 생각되지만, 유럽에서는 여러 분야에서 국경을 초월한 교류가 활발하여 이러한 인사(人事)도 그리 위화감은 없었던 듯하다.

그러고 보면 국왕조차도 자주 다른 나라에서 옹립해 오는 풍토가 유럽에는 있었다. 이를테면 1714년, 영국 왕이 된 조지 1세는 본래 독일의 하노버 선거후(選擧候)였다(또 뉴턴과 다툰 라이프니츠는 오랫동안 하노버 선거후 시절의 조지 1세를 모시고 있었다). 그런데 조지 1세는 영어를 전혀 말하지 못했고 영국의 왕위에 오른 뒤에도 생활의 대부분을 친숙했던 고국 하노버에서 보냈다고 한다. 그러고도 용케 왕 노릇을 할 수 있었구나 하는 감탄마저 생긴다.

그건 그렇고 이야기를 다시 올든버그로 되돌리면, 그의 경우는 이런 엉터리 같은 일은 없었다. 젊었을 적에 유럽 각지를 순방한 체험으로 그는 영어는 물론 프랑스어, 이탈리아어에도 능숙했다. 그래서 1653년, 브레멘의 통상 교섭 대표로 영국에 왔다.

이때 올든버그는 영국 의회의 실력자 O. 크롬웰을 상대로 훌륭한 외교 수완을 발휘했다. 이것이 계기가 되어 영국 사회에 널리 얼굴이 알려지게 되고 과학자들과의 교류도 깊어졌다.

이윽고 영국에 왕정이 부활하고 왕립협회 설립의 이야기가 나오자 올든버그는 초빙을 받아 사무국장으로 취임했다. 그는 기대했던 대로 협회의 운영을 총괄하기에 가장 적합한 인물이었던 것이다.

각국의 언어에 능통한 선천적인 어학력, 국경을 초월한 넓은 교제 범위, 적극적인 행동력 등이 인정되어 올든버그에게는 차츰 영국 국내는 물론 대륙의 과학자들로부터도 자기들의 연구와 관심 있는 주제를 소개하는 수많은 편지가 날아들었다. 왕립협회 사무국은 말하자면 과학의 정보 센터로서의 기능을 갖기 시작했다.

올든버그는 이렇게 해서 모인 편지 가운데서 흥미로운 내용을 골라 왕립협회의 정기적인 모임에서 회원에게 소개하고 있었다. 이것은 큰 호평을 받아 정기 모임의 인기를 집중시키게 되었다.

7. 과학자의 편지를 『철학 회보』로

앞 장에서도, 갈릴레이가 빈번하게 편지를 사용하여 발견의 고지(告知), 선취권의 주장을 하고 있었다는 것을 말했다. 그러나 이것은 물론 갈릴레이 개인에 한한 일은 아니었다. 당시는 일반적으로 편지가 과학 정보를 전달하는 유력한 수단이며 귀중한 1차 정보원이었다. 올든버그에게 내외 과학자들로부터 편지가 온 것도 그런 습관을 반영하는 일이었다.

그런 까닭에 올든버그에게 오는 편지의 수는 날로 증가했다. 그래서 처음에는 그 내용을 왕립협회의 정기 모임에서 소개했던 것인데, 올든버그는 한 걸음 더 나아가서 그것을 활자로 하여 널리 알려 보면 어떨까 하고 생각하게 되었다.

즉, 가치 있는 과학 정보가 담긴 편지를 종합하여 소개할 수 있는 학술 잡지의 정기적인 출판을 착상한 것이다. 이리하여 1665년, 왕립협회에서 세계 최초의 과학 학술 잡지가 된 『철학 회보(哲學會報, Philosophical Transactions)』를 창간하게 되었다.

이것에 의해 본래는 사적인 통신 수단이었던 편지가 공적인 성격을 띤 인쇄된 논문으로 '변신'되어 갔다. 개인 사이에서 이

(3075)   Numb. 80.

PHILOSOPHICAL
TRANSACTIONS.

February 19. 16⁷¹⁄₇₂.

The CONTENTS.

A Letter of Mr. Isaac Newton, *Mathematick Professor in the University of Cambridge ; containing his New Theory about Light and Colors : Where Light is declared to be not Similar or Homogeneal , but consisting of difform rays, some of which are more refrangible than others : And Colors are affirm'd to be not Qualifications of Light, deriv'd from Refractions of natural Bodies, (as 'tis generally believed ;) but Original and Connate properties, which in divers rays are divers : Where several Observations and Experiments are alledged to prove the said Theory.   An Accompt of some Books : I. A Description of the* EAST-INDIAN COASTS, MALABAR, COROMANDEL, CEYLON, &c. *in Dutch, by* Phil. Baldæus. II. Antonii le Grand INSTITUTIO PHILOSOPHIÆ, *secundùm principia Renati* Des-Cartes *; novâ methodo adornata & explicata.   III. An Essay to the Advancement of MUSICK ; by* Thomas Salmon *M. A. Advertisement about* Theon Smyrnæus, *An Index for the Tracts of the Year* 1671.

A Letter of Mr. Isaac Newton, *Professor of the Mathematicks in the University of Cambridge ; containing his New Theory about Light and Colors : sent by the Author to the Publisher from Cambridge, Febr. 6.*

〈그림 4-5〉 『철학 회보』의 표지

루어지고 있던 편지 교환에 비해 정기적(월간)으로 간행되는 학술 잡지의 정보 전달력이 훨씬 뛰어나다는 것은 말할 필요도 없다. 연구 성과는 널리 많은 사람들에게 신속히 알려지게 되었고, 그것에 자극되어 새로운 연구가 생기거나 토론이 심화되는 환경이 갖추어지기 시작한 것이다.

　이렇게 생각하고 보면 『철학 회보』의 창간은 과학의 발전을 가속시키는 도약대의 역할을 수행했다고 말할 수 있다. 그것은 틀림없이 역사 속의 획기적인 사건이었다.

8. 선취권의 인정 규칙

이렇게 해서 탄생한 새로운 형식의 정보 전달 매체(정기 간행의 학술 잡지)는 선취권 인정에 있어서도 중요한 역할을 떠맡게 되었다. 잡지를 통하여 새로운 발견이 널리 알려지게 된다는 것은, 동시에 그 발견에 대한 선취권이 논문의 저자에게 귀속된다는 것을 공적으로 선언하는 것도 되기 때문이다.

초기의 『철학 회보』를 펼쳐 보면 실린 논문(올든버그 앞으로 보내진 편지)이 언제 협회에 도착했는가를 나타내는 날짜가 명기되어 있는 것을 알게 된다. 이것은 그 날짜로 논문의 저자에게 선취권이 발생했다는 것을 뜻하는 것이 된다. 따라서 다른 사람이 같은 연구를 이룩하더라도 그보다 늦었을 경우 이미 발표할 가치가 없어지는 셈이다. 이리하여 공적으로 통용되는 선취권 인정의 규칙 형성이 『철학 회보』의 창간과 더불어 진행되어 갔다.

현재는 이 규칙이 완전히 정착되어 어느 전문 잡지를 보더라도 논문을 접수한 날짜가 반드시 게재되어 있다. 그리고 잡지에 투고된 논문이 무조건적으로 모두 게재되는 일은 물론 없다. 특히 현대와 같이 연구자의 수가 늘어나고 정보가 과다해진 시대에는 그런 일은 도저히 불가능하며 그럴 필요도 없다.

내용의 독창성, 주제의 중요성 등에 대한 심사를 받아 공표할 가치가 있다고 판정된 논문만이 선취권의 인정을 받게 된다. 이러한 과학의 제도를 '저널 아카데미즘'이라 부르는데, 지금 말했듯이 17세기 후반의 『철학 회보』에서 벌써 그 싹을 볼 수 있는 것이다.

그런데 일단 선취권이 인정되면 널리 공표된 연구 성과는 만

70

〈그림 4-6〉 같은 거인의 어깨(선인의 업적)에 올라타더라도, 누구나가 다 멀리 내다볼 수 있는 것은 아니다

인의 지적 공유 재산이 된다. 이를테면 중력의 법칙을 발견한 영예는 뉴턴 개인에게 속하지만, 이 법칙을 그 후의 연구에 이용할 권리는 모든 과학자에게 있다고 할 수 있다. 이미 지식을 비전(祕傳)으로서 특정 동료들 사이에서만 계승시켜 갈 필요는 없는 것이다.

　여기서 생각나는 것이 "먼 곳을 바라볼 수 있는 것은 자신의 능력이 훌륭하기 때문이 아니라 거인의 어깨 위에 올라탔기 때문이다"라고 한 뉴턴의 유명한 말이다. '거인의 어깨'란 결국은 선인(先人)들의 업적의 축적이 있었기 때문이라는 말로, 자기는 다만 그 위에 서서 아주 약간의 새로운 것을 덧붙인 데 지나지 않는다는 뉴턴의 '겸허'한 말이다(동시에 고대의 권위를 무비판적으로 받아들이지 않고 새로운 것을 덧붙이는 독창성에 가치를 두는 자세를 엿볼 수도 있다). 뉴턴의 경우는 그렇게 겸손하지 않더라도 그 혼자만으로 충분히 위대한 거인이 될 수 있었겠지만, 일반적으로 그 후의 과학은 확실히 뉴턴이 말하는 '거인의 어깨'의 방식에 따라서 발전해 왔다는 것을 알 수 있다.

그것은 학술 잡지를 통해서 선취권 인정의 규칙이 정착됨에 따라 공유하는 지식도 누적되어 증가해 왔기 때문이다. 뉴턴뿐만 아니라 많은 과학자가 거인의 어깨에 올라타고 저마다가 작은 한 걸음을 내딛는 것이다. 그리고 작은 한 걸음씩의 축적이 시대와 더불어 거인을 더욱 크게 만들어 가는 것이 된다. 말하자면 역사의 흐름을 따른 일종의 공동 작업이라고 할 수 있다.

이와 같이 근대 과학의 확립은 자연관의 변혁뿐만 아니라, 사람들의 가치관이나 학문의 스타일에도 커다란 전환을 가져다주었던 것이다.

5장

확대되는 선취권 다툼

1. 과학의 발전을 가리키는 바로미터

지금까지 갈릴레이, 뉴턴이라는 두 인물을 중심으로 이야기를 진행시켜 왔다. 그런데 시대와 더불어 선취권 다툼은 굳이 그들과 같은 대천재들만의 전매특허는 아니어서 여기저기서 빈번히 발생하게 되었다. 그것은 마치 과학의 발전을 가리키는 바로미터와 같은 것이기도 했다.

그리고 다공이 증가함에 따라 과학의 세계에도 실로 여러 가지 형태로 인간의 적나라한 모습이 드러나게 되었다. 그래서 이 장에서는 18세기부터 19세기에 걸쳐서 일어난 세 가지 사례를 들어 이러한 선취권 다툼의 여러 가지 양상을 살펴보기로 한다.

우선 처음 소개하는 것은, 수학자의 문벌로 알려진 스위스의 명문 베르누이 가문에서 일어난 골육상쟁의 이야기이다.

2. 베르누이 가문의 사람들

학문이나 예술이라는 것은 다분히 개인의 재능, 자질이 바탕이 되는 분야이기 때문에, 일반적으로는 보통의 상업처럼 가업(家業)으로서 대대로 전해 갈 수 있는 성질의 것이 아니다. 자식들에게 실력이 없으면 어버이의 후광도 통용되지 않는 세계이다.

그래도 "개구리 새끼는 개구리"라는 속담이 있듯이 긴 역사 가운데는 몇 대에 걸쳐서 훌륭한 과학자를 배출시킨 일가가 있다. 이를테면 프랑스에는 천문학사에 이름을 남긴 카시니 일가가 있다. 첫 세대인 G. D.(J. D.) 카시니(1625~1712)는 이탈리아 출신이었으나 1669년 루이 14세 때 프랑스로 이주하여 파리의 천문대장이 되었다. 그는 토성의 위성과 고리에 존재하는 작은

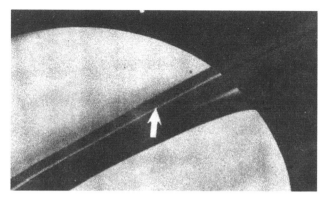

〈그림 5-1〉 토성의 고리에 있는 '카시니 간극'

틈새(이것은 현재 '카시니 간극'이라고 불리고 있다) 등을 발견했고 목성 위성의 표를 만든 것으로도 알려져 있다. 그의 아들 자크 (Jacques. C, 1677~1756), 그리고 자크의 아들 C. 프랑수아 (1714~1784)도 선대에 이어 파리 천문대장을 지냈다.

또 카시니 일가는 초대 때부터 프랑스 전국의 삼각측량을 시작하여 지도 작성에도 크게 공헌했다. 그 작업은 4대, 1세기에 걸쳐서(재정상의 이유와 전쟁으로 여러 번 중단된 일도 있어) 계속되었고, 프랑스의 지도가 겨우 완성된 것은 1793년(이것은 프랑스 혁명이 한창이던 때이다) 프랑수아의 아들이며 역시 천문학자가 된 J. 도미니크(1748~1845)의 시대였다.

그런데 카시니 일가와 같은 시대에 스위스에는 수학과 물리학에서 활약한 베르누이 일가가 있었다. 이쪽은 카시니 일가보다 더 인원수가 많고 골치 아프게도 같은 이름의 인물이 몇 사람이나 등장한다(아이들의 이름을 지을 때 좀 더 연구를 해서 지었더라면 하는 생각이 들지만, 이런 데서 불평을 해 본들 어쩔 수 없는

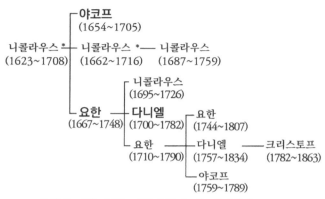

*표의 두 사람 이외는 모두 수학자 또는 물리학자

〈그림 5-2〉 베르누이 가문의 계보

이야기다). 그렇게 되었기 때문에 누구의 자식이니 형제니 조카니 하고 말해도 겨우 어떤 관계인가를 짐작할 수 있을 뿐 머리가 혼란해진다. 그래서 우선 그들의 계보를 보여 준다. 그리고 여기서 고딕체로 강조한 세 사람(야코프, 요한, 다니엘)을 중심으로 이야기하겠다.

야코프는 바젤대학 교수로 근무하면서 뉴턴과 라이프니츠가 기초를 쌓은 미적분을 발전시키는 데 공헌한 것으로 알려진 수학자이다. '적분(Calculus Integralis)'이라는 명칭을 라이프니츠에게 제안한 것은 바로 이 야코프이다.

동생인 요한도 야코프가 죽은 후 형의 뒤를 이어 바젤대학 교수로 취임했고, 미분방정식의 연구 등에서 공적을 올렸다. 또 중력가속도를 나타내는 기호인 g를 처음으로 사용한 것도 요한이다.

또 한 사람, 요한의 아들 다니엘은 역시 바젤대학의 물리학 교수로, 유체 역학(流體力學)에서 유명한 '베르누이의 정리'의 발견자이다.

이렇게 화려한 경력과 업적으로 장식된 세 사람이지만 한 집안에서 이만한 일류급 인물이 집단적으로 등장하게 되면 연구를 에워싼 내분도 그에 걸맞게 치열해진다.

3. 집안 싸움

1696년, 요한은 다음과 같은 수학 문제를 제시했다.

"지상으로부터의 높이가 다른 두 점이 있다. 이 두 점을 잇는 곡선을 따라서 높은 점으로부터 낮은 점까지 중력의 작용으로 질점을 낙하시킬 때, 낙하 시간이 최소가 되는 것은 곡선이 어떤 형태일 때인가? 단, 두 점은 연직선 위에 겹쳐지지 않는 것으로 한다."

요컨대 '가장 빠르게 낙하하는 과정을 구하라'는 것이다. 이것은 '최속 강하선의 문제'라고 불리고 있다.

이에 대해 뉴턴, 라이프니츠, 그리고 형 야코프가 각각 해를 발견하였고, 찾는 낙하 과정은 '사이클로이드(Cycloid)'라는 곡선임을 증명했다.

물론 문제를 제시한 요한도 답을 준비해 놓고 있었지만, 그들 세 사람의 증명이 다 나오고 보니 자신의 해법에 오류가 있는 것을 깨달았다. 그래서 요한은 형 야코프가 한 증명을 몰래 빌려 그것을 마치 자신의 것인 양 발표했던 것이다. 당연하게도 이 사건은 형제 간의 싸움으로 발전했다.

그런데 최속 강하선과 같이 일정한 조건 아래서 어떤 값이 최대, 또는 최소가 될 만한 해를 구하는 계산을 '변분법(變分法)'

〈그림 5-3〉 최속 강하선의 문제

이라고 한다. 이것은 당시 미적분의 중요한 문제로 주목되고
있었기 때문에 야코프, 요한 형제도 그 연구에 힘을 쏟고 있었
다. 그것을 반영하여, 두 사람의 분쟁은 이 이외에도 변분법의
문제를 에워싸고 야코프가 죽을 때까지 여러 번 반복된다. 사
실 형제 싸움 덕분에 변분법의 발전이 촉진되었다는 측면도 간
과할 수는 없다.

형제 간 싸움의 다음 차례는 요한과 아들 다니엘 사이에서
일어난 부자 간의 불화이다. 다니엘은 1738년에 『유체 역학』
을 저술하고, 그 가운데서 앞에서 말한 '베르누이의 정리'를
발표하였다(참고로 '유체 역학'이라는 명칭을 처음 사용한 것도 다니
엘이다).

그런데 음흉스럽게도 아버지 요한은 아들이 발견한 정리를
표절하여 다니엘의 『유체 역학』보다 먼저 자기 책 속에서 공표
해 버렸다. 선취권을 침해당한 다니엘은 상대가 남도 아닌 아
버지였던 만큼 한때 심한 허탈감에 빠졌었다.

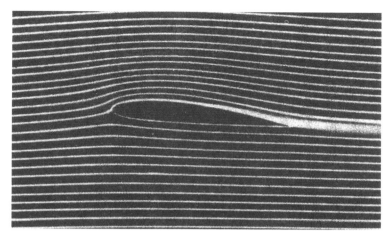

〈그림 5-4〉 비행기의 날개가 낳는 양력(揚力)은 베르누이의 정리의 응용

형제나 부자가 같은 주제에 관심을 품으면 아무래도 함께 일을 하거나 논의를 하는 기회가 많아진다. 게다가 저마다 천부적 재질이 뛰어나면 그중에서 각자가 얼마만큼 기여를 했는지 명확하게 구분되지 않을지도 모른다. 하지만 그런 상황을 고려한다고 하더라도 역시 요한 베르누이의 행위는 좀 지나쳤다는 것을 부인할 수 없다.

'골육상쟁'이라는 말을 들으면 권력이나 재산을 에워싼 분쟁을 생각하기 쉽지만 과학의 세계도 그 예외는 아니었던 것이다.

4. '해석학의 화신' 오일러

이와 같이 인격적인 면에서는 다소 문제가 있기는 했지만, 요한 베르누이는 수학의 지도자로서는 훌륭한 역량을 지녔고 많은 제자를 육성했다. 그중에서 한층 빛을 낸 사람이 베르누이와 고향(바젤)을 같이하는 수학자 U. S. von 오일러(1707~

1783)이다.

　18세기의 특징(과학에 대한)을 한마디로 말하면 뉴턴이 씨앗을 뿌린 역학이 미적분학(해석학)이라는 새로운 수학에 의해 응용 범위가 넓은 이론 체계로 발전한 시대라고 할 수 있다.

　오일러는 그런 시대를 구축한 중심 인물 중의 하나였다. 특히 1748년에 저술한 『무한소 해석 입문(無限小解析入門)』은 18세기 수학을 대표하는 저작이 되었다[후에 프랑스의 물리학자 D. F. J. 아라고는 오일러의 존재를 '해석학의 화신(化身)'이라고 칭찬했을 정도이다].

　그런데 방금 말했듯이 오일러는 스위스에서 태어나 바젤대학에서 공부했는데(여기서 요한 베르누이의 가르침을 받았다), 수학자로서 활약한 것은 상트페테르부르크(러시아 레닌그라드)와 베를린(프로이센)의 두 아카데미에서였다.

　프로이센의 프리드리히 대왕, 러시아의 예카테리나 2세 황제의 융숭한 대우를 받으면서 두 아카데미를 무대로 오일러는 놀라운 속도로 수학, 물리, 천문학의 여러 분야에 걸친 논문과 저서를 썼다. 그 분량이 엄청나다는 것은 이를테면 『이화학 사전』을 펼쳐 보더라도 일부 엿볼 수 있다. '오일러 각(角)', '오일러의 운동방정식', '오일러의 팽이', '오일러의 상수', '오일러의 방정식' 등 그의 이름을 딴 항목이 줄을 잇고 있다.

　이런 맹렬한 공부가 화근이 되었는지, 오일러는 그 초상화가 나타내듯이 1735년 오른쪽 눈을 실명했다. 그리고 만년에는 나머지 왼쪽 눈도 시력을 잃는 불행을 겪었다. 그럼에도 불구하고 불리한 조건을 극복하여 이토록 위대한 업적을 남긴 그의 재능과 노력에는 머리가 숙여진다.

5. 다작의 수학자

그렇다면 도대체 오일러는 어느 정도의 논문을 양산(量産)했는지 살펴보면, 생전에 발표된 것만도 500편 남짓, 사후에 간행된 것을 포함하면 900편 가까이 된다고 하니 그저 놀라울 뿐이다. 글자 그대로 상트페테르부르크와 베를린의 아카데미 기요(紀要: 연구 보고서)를 독점하다시피 연달아 논문을 썼다.

그 상황은 앞에서 인용한 아라고가 "사람이 숨을 쉬듯이, 매가 하늘을 날듯이, 오일러는 계산을 했다"고 표현한 그대로였다. 오일러 자신도, 자기가 죽더라도 20년 동안은 상트페테르부르크의 아카데미 기요가 원고로 곤란을 겪지는 않을 것이라고 장담했을 정도였다고 한다(실제로 20년을 훨씬 지나 사후 반세기 가까이 그의 논문은 계속 간행되었다). 또 1911년에 그의 업적을 집대성한 『오일러 전집』의 간행이 시작되었는데 아직도 언제 완결될지 모른다고 한다.

오일러의 다작을 언급한 김에 또 한 사람의 굉장한 인물을 소개하면, 프랑스 혁명이 일어난 해에 태어나서 19세기 전반의 프랑스 수학계에 군림한 A. L. 코시가 있다.

코시의 머리에서 흘러나오는 착상은 연달아 논문으로 정리되었고 전성기에는 매주 파리 과학아카데미의 기요에 발표되었다. 너무도 엄청난 창조력에 기겁을 한 아카데미는 1838년 마침내 논문의 쪽수를 제한하기로 했다. 코시도 생전에 800편에 가까운 논문을 썼고, 오일러와 마찬가지로 그 이름은 현재 해석학 교과서에 무수하게 남아 있다.

수를 다투는 듯한 이야기는 이 정도로 하겠지만 과학자 중에는 이렇게 무엇에 쓴 듯이 계속해서 논문을 생산하는 예를 이

따금 볼 수 있다.

독일의 작가 S. 츠바이크는 인간을 창조적 활동으로 몰아세우는 근원적인 초조(焦燥)를 '데몬(Demon: 악마의 신)'이라고 불렀는데, 그 말을 빌리면 그들은 바로 데몬에 씐 인간이었는지 모른다. 그리고 잠시도 쉬지 않고 마치 쉬는 것이 공포이기라도 한 것처럼 계속하여 논문을 발표하는 충동 역시 선취권에거는 강한 집념의 표현일 것이다.

오일러는 1783년 9월 7일에 세상을 떠났다. 이날도 오일러는 제자인 렉셀을 상대로, 2년 전에 발견된 천왕성의 궤도 계산에 대해서 얘기하고 있었다. 그런데 갑자기 발작이 일어나 그대로 숨을 거두었다고 한다. 마치 숨을 쉬듯이 계산을 해 왔던 오일러가 계산을 그친 것은 삶을 마쳤을 때였다. 그 순간 데몬도 오일러의 몸에서 떠나갔던 것이다.

6. 천왕성 궤도의 수수께끼

다음에는 영국과 프랑스 양국 사이에서 뜨거운 논쟁이 되었던 유명한 해왕성 발견의 선취권에 얽힌 화제를 다룰 것인데, 그 전에 천왕성에 대해 간단히 언급해 두기로 하자.

앞에서 말했듯이 천왕성은 오일러가 죽기 2년 전인 1781년, F. W. 허셜에 의해 발견되었다. 허셜은 본래 독일 태생의 음악가였는데 후에 영국으로 건너가 궁정 악사가 되었다가, 얼마 후 천체 관측의 취미가 깊어져서 왕실 천문관으로 변신한 별난 경력의 소유자이다.

그런데 그때까지의 긴 기간 동안 태양계의 행성 수는 지구를 포함하여 6개라고 굳게 믿어져 왔다. 그것은 육안으로 포착할 수 있는 행성으로는 토성이 한계였기 때문이었다.

그러던 것이 3장에서 설명했듯이 17세기 초에 망원경이 발명됨으로써 인간의 눈에 비치는 우주가 단번에 확대되었다. 그리고 망원경의 개량과 더불어 연달아 새로운 발견이 이루어졌다. 7번째 행성이 존재한다는 것도 그 연장선(허셜에 의한 대형 반사 망원경의 개발) 위의 성과로서 밝혀졌던 것이다.

또 이것은 후에 알게 된 일이지만 사실 허셜의 발견 이전에 천왕성은 17세기 말부터 이미 몇몇 천문학자에 의해 관측되고 있었다. 다만 당시는 미지의 행성이 존재한다는 것은 아무도 예상하고 있지 않았기 때문에, 기껏 천왕성을 관찰하고 있으면서도 그 운동을 상세하게 추적하는 일은 없었다. 즉, 그것은 항성 가운데 하나라고 생각하고 있었던 것이다.

이러한 일은 이후에 발견된 해왕성에 대해서도 마찬가지로 일어났다. 해왕성에 대해서는 보다 오래전 1612년의 갈릴레이의 관측 일기에 역시 항성으로 기록되어 있었다는 것이 최근에 발견되었다(그렇다고 해서 천왕성 발견의 선취권을 허셜로부터 빼앗거나 갈릴레이에게 해왕성 발견의 영예를 돌려야 할 필요는 물론 전혀 없다). 즉, 그만큼 행성은 6개라는 확신이 강했다는 것이 될 것이다.

어쨌든 이렇게 하여 인간은 겨우 새로운 행성을 발견한 셈인데, 천왕성이 관측되는 궤도는 어찌 된 일인지 뉴턴 역학을 바탕으로 한 계산과 일치하지 않는다는 것이 지적되기 시작했다.

관측과 계산에 착오가 생긴다는 것은 뉴턴 역학에 어떤 불비한 점이 있기 때문이거나, 아니면 천왕성의 운동에 영향을 미치는 미지의 요소가 존재한다는 것이 된다. 그래서 천문학자들

〈그림 5-5〉 천왕성의 운동을 흩트리는 제8의 행성이 있지 않을까?

가운데는 태양과 천왕성의 거리가 매우 멀기 때문에(천왕성의 평균 궤도 반경은 지구의 약 19배) 어쩌면 중력이 거리의 역제곱 법칙으로부터 벗어나는 것이 아닌가 하고 생각하는 사람도 나오는 형편이었다.

그러나 뉴턴 역학은 그때까지 행성, 혜성, 달 등의 여러 가지 운동을 참으로 훌륭하게 설명하여 왔고, 그 위력은 충분히 사람들 사이에 침투해 있었다. 따라서 방금 말한 것과 같은 일부 회의론자(懷疑論者)가 있기는 했으나, 시간과 더불어 대세는 발견되지 않은 8번째 행성이 존재하고 그 별의 인력이 천왕성의 궤도에 영향을 끼치는 것이라고 확신하게 되었다. 그렇게 되면 문제는 천왕성의 운동을 뉴턴 역학을 구사하여 해석해서, 미지의 행성의 크기와 궤도를 계산하는 일이 된다.

그런데 일반적으로 행성에는 태양의 인력 외에 행성 간의 인력도 작용하고 있다. 이와 같이 3개 이상의 천체(일반적으로는 질점)가 서로 작용을 미치는 경우 그 운동을 수학적으로 엄밀하게 구할 수는 없지만, 다행히 행성 간의 인력이 태양의 인력에 비해서 훨씬 작기 때문에 근사계산〔近他計算: 이것을 '섭동론(攝動論)'이라고 한다〕을 할 수가 있다. 즉, 태양의 인력에 대해 행성끼리의 끌어당김을 보정항(補正項: 이것을 '섭동'이라고 한다)으로 간주하고 정밀도가 높은 근사해(近他解)를 얻는 방법이 확립되어 있었던 것이다.

그래서 섭동론을 역으로 이용하여 천왕성의 궤도에서 볼 수 있는 계산과 관측의 착오로부터 그 원인이 되는 미지의 행성을 발견하자는 것이었다. 이 매력적인 문제에 도전한 사람이 프랑스의 U. J. J. 르베리에와 영국의 J. C. 애덤스라는 두 젊은 천문학자였다.

7. 르베리에와 해왕성의 발견

1845년 여름, 파리 천문대장 아라고는 당시 천체 궤도 계산의 전문가로 명성을 높여 가고 있던 르베리에에게 천왕성 궤도의 수수께끼에 도전하라고 강력히 권했다. 르베리에는 이미 태양계의 안정성 문제와 수성의 근일점(近日點) 이동 등에서 훌륭한 업적을 거두어, 그 재능을 아라고가 높이 평가하고 있었던 것이다.

아라고가 기대한 대로 르베리에는 순조롭게 연구를 진척시켜 그 성과를 차례로 파리 과학아카데미 기요에 발표해 나갔다. 그리고 아라고의 권고를 받고부터 1년 후인 1846년 8월 31

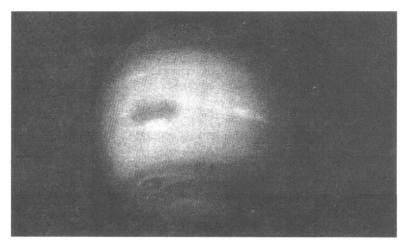

〈그림 5-6〉 보이저 2호가 촬영한 해왕성(PPS 제공)

일, 마침내 천왕성의 운동에 영향을 미치는 미지의 행성의 궤도 요소(타원 궤도의 장반경, 이심률, 근일점, 공전 주기 등 행성의 운동을 표시하는 양)를 구한 논문을 완성했던 것이다.

르베리에는 곧 계산 결과를 바탕으로 새로운 행성의 위치를 추정하자, 즉각 베를린 천문대의 J. G. 갈레에게 편지를 써서 그 발견을 의뢰했다. 이런 점에서 르베리에는 아주 솜씨 있게 빠른 속도로 일을 진행하였는데, 거기에는 자신의 계산이 옳다는 것을 조금이라도 빨리 알고 싶다는 과학자의 심리가 여실히 나타나 있다. 그것은 바로 선취권의 확보와 통하는 셈이다.

그런데 9월 23일에 편지를 받은 갈레는 그날 밤(그도 즉각적으로) 르베리에가 알려 온 위치로 망원경을 돌렸다. 관측을 시작한 지 얼마 후, 베를린 천문대의 망원경은 거의 예측했던 위치에 성도(星圖)에 실려 있지 않은 8등성이 반짝이고 있는 것을 포착했다.

이리하여 해왕성은 발견되었으나 여기에서 한 가지 복잡한 사태가 발생했다. 르베리에와는 독립적으로 영국의 애덤스도 새로운 행성(해왕성)의 궤도 요소를 계산하여, 르베리에와 같은 시기에 같은 결론에 도달해 있었던 것이다.

8. 애덤스의 불운

그런데 애덤스의 경우는 그 업적이 인정되기까지 여러 번의 불운이 겹쳤다.

1845년 10월(해왕성이 발견되기 약 1년 전) 미지의 행성에 관한 계산 결과를 얻은 애덤스는 그 요약을 그리니치 천문대장인 G. B. 에어리에게 보냈다(이 시점에서는 애덤스가 르베리에보다 오히려 한 걸음 앞서 있었다는 것이 된다). 그러나 에어리는 애덤스의 계산을 적극적으로 평가하려 하지 않고 사실상 묵살해 버렸던 것이다.

에어리는 1835년부터 45년간의 긴 세월에 걸쳐 그리니치 천문대장으로 있었고, 당시 번영 일로에 있던 대영제국의 이름에 부끄럽지 않게 천문대의 설비 충실화에 노력한 실무가이기도 했다. 그런 만큼 이런 이론적 연구에는 그리 호의를 보이지 않았었는지도 모른다. 어쨌든 영국 천문학계의 중진이 취한 냉담한 태도는 결과적으로 애덤스의 입장을 결정적으로 불리하게 만들어 버렸다.

이러는 사이에 프랑스에서는 르베리에의 논문이 발표되기 시작했다. 그리고 1846년 여름이 되자 에어리도 이 두 사람이 같은 결론에 도달해 있는 듯하다는 것을 알게 되었다. 그래서 겨우 무거운 엉덩이를 털고 일어선 에어리는 케임브리지 천문대에 새로운 행성의 탐사를 의뢰했다. 또 애덤스도 이전의 계산을 수정하여 보다 정확한 수치를 얻어 그 결과를 에어리에게 알려 주고 있었다.

그런데 설상가상으로 불운하게도 케임브리지에는 탐사할 천공(天空) 부분의 성도가 없었다. 따라서 성도를 만들어 가면서 관측을 하는 상태가 계속되어 작업이 좀처럼 진척되지 않았다.

이리하여, 영국이 꾸물거리고 있는 동안에 결국 앞에서 말한 대로 베를린 천문대의 갈레(베를린에 긴요한 성도가 갖추어져 있었던 것도 다행이어서)가 르베리에의 계산을 바탕으로 해왕성을 발견해 버린 것이다.

그리고 발견 후에 관측 결과를 조사해 보니, 갈레보다 한 달 전에 케임브리지에서도 해왕성을 포착하고 있었다는 것을 알았다. 다만, 성도가 완비되어 있지 않았기 때문에 그것을 새로운 행성이라고 판정하지 못했던 것이다.

9. 영국, 프랑스 간의 논쟁으로

이와 같이 모처럼의 계산이 무시를 당했고, 천문대의 관측 태세가 불충분했고, 심지어는 모처럼 해왕성을 포착했으면서도 그것을 놓쳐 버리는 등 애덤스에게는 운이 따르지 않았던 것도 사실이다. 하지만 어쨌든 계산 결과를 정식 논문으로 공표하지 않았던 것은(발표할 기회를 놓쳤다고 하는 편이 적절한 표현일지 모르지만) 선취권을 주장하는 데 큰 장애가 되었다.

이 점을 파리 천문대장인 아라고는 다음과 같이 비판하였다.

"천왕성의 불가사의한 운동을 일으키게 하는 행성을 밝히는 일은

〈그림 5-7〉 "해왕성은 그쪽이 아니야!"라고 영국의 천문학자를 비아냥거리는
프랑스의 만화

1845년에 내가 르베리에에게 그 문제를 연구하도록 열심히 권고한
데서부터 공식적으로 시작되었다. 그와 동시에 영국의 케임브리지대
학의 젊은 천문학자 애덤스도 이 문제에 도전하여 독립적으로 해결
했다. 그러나 애덤스는 아무것도 공표하지 않았으며 그 연구가 아무
리 훌륭했다고 하더라도 미지의 별을 발견하는 데는 아무 도움도
되지 못했다."(F. 다네만, 『대자연과학사』에서)

아라고가 꽤나 감정적인 표현으로 해왕성 발견에 대한 애덤
스의 공헌을 깎아내리려 한 것은 영국 측의 움직임을 경계했기
때문이었다.

그것은 해왕성이 발견되었다고 하자 영국 천문학계의 지도적
입장에 있는 사람들이 여태까지의 침묵에서 돌변하여, 르베리
에와 독립적으로 애덤스도 같은 결론에 도달해 있었다는 것을

활발하게 언급하기 시작했기 때문이다.

영국으로서도 르베리에의 연구에 트집을 잡거나 선취권을 침해하는 등의 일을 생각한 것은 아니었겠지만 프랑스의 입장에서 본다면 이제 와서 무슨 할 말이 있느냐 하는 불쾌한 마음이 강했을 것이다. 확실히 사정이야 어떻든 간에 19세기로 접어들면 동료 간의 사적인 정보 교환만으로 선취권을 운운하기에는 무리가 있었다.

그런 까닭으로 다른 견해차도 일부 있었겠지만, 천문학사상 획기적인 발견을 계기로 하여 영국과 프랑스 두 나라 사이에서는 한때 상당히 감정적인 논쟁이 펼쳐졌다. 그러나 서서히 감정이 진정되면서 냉정하게 사물을 관찰하게 됨에 따라, 공표한 순서에 하자는 있었을망정 애덤스의 업적은 그 나름대로 평가를 받게 되었다. 그리고 해왕성 발견의 영예는 르베리에와 애덤스 두 사람에게 동등하게 주어지게 되었던 것이다.

이리하여 영국과 프랑스 간의 분쟁은 일단락되었으나, 해왕성 발견의 드라마는 지금까지 보아 왔듯이 선취권에 대한 과학자의 의식이나 행동을 생각할 때도 흥미진진한 문제를 던져 주었다는 것을 알 수 있다.

6장

다시 발견된 선취권

1. 만일 '페르마의 최종 정리'가 풀렸었더라면?

수학에는 미해결인 중요한 문제가 몇 가지 존재하는데, 그중에 17세기 프랑스의 수학자 P. 페르마가 1630년대 후반에 남긴 유명한 '페르마의 최종 정리(最終定理)'가 있다(그 내용을 현대식으로 표현하면 〈그림 6-1〉과 같다).

이 최종 정리(最終定理, 또는 단지 '정리'라고도 한다)의 내용은 중학생도 이해할 수 있을 만큼 평이하면서도 겉보기와는 크게 달라서 아직껏 그 누구도 증명에 성공하지 못한 난문 중의 난문이다.

그런데 당사자인 페르마는 자신이 애독하던 책〔고대 그리스의 수학자 디오판토스가 저술한 수론(數論) 책의 라틴어 번역을 탐독하고 있었다〕의 여백에 "나는 이 정리에 대한 놀라운 증명을 발견했으나 여백이 좁아 여기에는 적지 못한다"라는 말을 넌지시 기록해 놓고 있다. 그러나 핵심인 증명은 아무 데에도 남겨져 있지 않다. 그가 죽은 후 유품이 상세히 조사되었지만 결국 증명은 발견되지 않았다.

그런 만큼 도리어 사람들의 호기심을 자극시켰을 것이다. 따라서 수많은 위대한 수학자가 이 문제에 도전했다. 선두 주자는 5장에 등장한 오일러로, 그는 n이 3과 4인 경우에 대한 증명에 성공했다. 이후 특정한 n 값에 대한 부분적 증명은 발견되었지만 페르마가 기입한 후 350년이 지난 현재까지도 일반적 증명은 아직도 난공불락인 채로 있다.

그런데 페르마가 정말로 증명을 발견했을까 하는 소박한 의문이 일어난다. 수학사가(數學史家)의 정설로는 아무리 페르마라 한들 당시 수학의 발전 단계로는 무리였을 것이라고 생각되고

자연수 $n > 2$에 대해
$x^n + y^n = z^n$

위의 식을 만족하는 자연수의
조(x, y, z)는 존재하지 않는다.

〈그림 6-1〉 페르마의 최종 정리

있다. 그렇다고 하면 당사자의 착각이었거나 정리의 정확성을 직감적으로 간파하고 있었을 뿐이라는 말이 된다.

여기에서 전문가의 정설에 이론을 제기할 생각은 없으나 일반적으로 말하면, 누가 어떤 것을 증명했다는 증명은 할 수 있어도 증명하지 않았다는 증명은 엄밀하게는 불가능하다.

어디까지나 가상의 이야기지만, 이를테면 프랑스의 어느 옛집의 곳간 속에서 정리의 정확한 증명이 기록된 페르마의 유고가 우연히 발견된다면 어떻게 될까?

그러고 보면 1936년 런던에서 있었던 경매에서, 영국의 몰락한 귀족이 내놓은 물품 가운데에 뉴턴의 연금술(鍊金術)에 관한 다량의 친필 원고가 발견되어 소동이 벌어진 일이 있다. 또 최근에는 A. 아인슈타인의 청춘 시절 편지가 역시 다량으로 발견되어 그의 첫 번째 부인이 된 M. 밀레바 양과의 사이에 혼전에 딸을 낳았다는 놀라운 새로운 사실이 밝혀졌다. 이런 선례를 생각하면 페르마의 유고가 발견될 가능성이 전혀 없는 것도 아닐지 모른다.

만에 하나 그렇게 된다면, 당연히 3세기 반이 지나서야 겨우 자신의 이름을 딴 정리의 증명에 대한 선취권이 페르마에게 주어지게 된다. 그리고 그와 동시에 현재 이 난문에 도전하고 있는 수학자는 그 기회를 영원히 잃게 된다.

가상의 이야기는 이 정도로 하고 실제 역사로 눈을 돌려 보면 위대한 업적이 오랫동안 그에 걸맞는 평가를 받지 못했거나, 또는 묻힌 채로 있는 예가 의외로 많다는 것을 알게 된다. 그리고 당사자가 죽은 뒤에 연구가 다시 발견되어 뒤늦게나마 선취권이 인정되는 불행한 경우도 적지 않다. 이 장에서는 그런 한을 품고 죽어 간 과학자의 모습을 추적해 보기로 하자.

2. 카를스루에 국제회의

1860년 9월, 라인강에 가까운 독일 남서부의 카를스루에에서 세계 최초의 국제화학회의가 개최되었다.

그것을 제창한 것은 독일의 젊은 화학자 A. 케쿨레〔그는 그 후(1865) 꿈속에서 벤젠 고리의 구조를 착상한 것으로 알려져 있다〕로서 회의에는 유럽 각국으로부터 수백 명의 화학자가 참가했다. 이 인원수는 당시로서는 굉장한 규모였고 참가자로는 러시아에서 D. I. 멘델레예프, 독일에서 R. W. 분젠, J. von 리비히, J. L. 마이어, 프랑스에서 J. B. A. 뒤마, C. L. 베르톨레, 그리고 영국에서 A. W. von 호프만 등 쟁쟁한 인물이 한자리에 모였다.

이만한 화학자가 모여서 연일 열띤 토론이 펼쳐진 데는 물론 그 나름의 이유가 있었다. 그것은 19세기 중엽, 화학은 일종의 혼란 상태에 빠져 있었다. 그래서 우선 당시의 상황을 요약하여 설명해 두기로 하자.

19세기로 접어들자 화학의 세계에는 원자론이 등장했다. 그 실마리가 된 것은 1808년에 영국의 J. 돌턴이 저술한 『화학 철학의 새로운 체계』이다. 여기서 돌턴은 모든 물질이 그 이상 분할할 수 없는 입자(원자)의 결합에 의해서 구성되어 있다는 주장을 제창했다. 그리고 원자의 질량은 원소에 의해서 달라진다고 생각하고 그 비(比)를 나타내는 데 '원자량'(원자의 상대질량)이라는 개념을 도입했다.

그런데 물질의 최소 구성 요소로서의 원자라는 사고방식은 이미 훨씬 옛날 고대 그리스의 철학자에 의해서 제창되고 있었다. 그런 의미에서는 일종의 부활이라고 말할 수 없는 것도 아니지만 그들의 원자론은 단순히 사변적(思辨的)인 산물에 지나지 않았다. 따라서 용어의 유사성은 있어도 정밀한 실험에 기초를 둔 근대 화학의 원자론과는 성질이 다른 것이었다.

그런데 돌턴이 제창한 설은 큰 줄거리에 있어서는 많은 화학자에게 받아들여져 왔으나, 당시는 아직 원자와 분자의 개념이 명확히 구별되어 있지 않은 탓도 있어 원자량의 값이 화학자에 따라서 각각 달랐다. 그 결과 화합물의 조성(組成)을 결정할 수 없어 필연적으로 화학식도 여러 형태로 표기되고 있었다. 이를테면 물은 H_2O, HO, H_2O_2 등 여러 가지로 표기되는 형편이었다. 이래서야 불편하기 이를 데 없는 것이다.

또 하나 사태를 더욱 복잡하게 한 것은, 저명한 화학자(이를테면 영국의 H. 데이비 등)들 중에도 원자론에 정면으로 반대하는 사람들이 있었던 점이다. 그들은 보거나 만질 수도 없는 원

96

〈그림 6-2〉 돌턴의 원자론 이후에도 화학의 세계는 혼란한 상태였다

자의 실존을 전제로 하는 물질관을 엄격히 비판하고, 원자량 대신 '당량'(當量: 일정량의 산소와 화합하는 원소의 질량)의 사용을 주장했다.

그런 까닭으로 원자, 분자, 원자량, 당량, 화학식 등의 중요한 개념에 대한 견해가 반드시 일치하지는 않았으며 이는 화학의 발전에 큰 장애가 되고 있었다.

3. 되살아난 아보가드로의 논문

이런 시대적 배경 가운데서 카를스루에의 국제회의가 열렸던 것인데, 회의에서 태풍의 눈 같은 존재가 된 것은 이탈리아의 화학자 S. 카니차로(1826~1910)였다. 아니, 좀 더 정확하게 말하면 카니차로가 발견한 50년 전의 분자설에 관한 오래된 논문이었다. 여기에서 시대를 반세기 전으로 거슬러 올라간 1811년, 이탈리아의 A. 아보가드로는 프랑스의 『물리학 잡지』에

「물질의 기본 분자의 상대적 질량과 화합물에서의 그것들의 비를 결정하는 하나의 방법에 대한 시론(試論)」이라는 제목의 논문을 발표했다.

그보다 3년 전에(1808) 프랑스의 J. L. 게이뤼삭이 발견한 '기체 반응의 법칙'(화학 반응을 일으키는 기체의 부피는 간단한 정수비를 이룬다)에 주목한 아보가드로는 이 논문에서 후에 '아보가드로의 법칙'으로 불리게 되는 중요한 가설을 제창했던 것이다(그 내용을 현대식으로 표현하면 〈그림 6-3〉과 같이 된다).

그런데 당시는 같은 종류끼리의 원자가 결합하여 복합 입자(분자)를 만든다(이를테면 산소 원자끼리 결합하여 O_2가 된다)는 사고는 없었고, 또 그로부터 분자의 개념도 확립되어 있지 않았다. 그와 같은 배경도 있어서 아보가드로의 연구는 학계에게 무시당한 채 시간의 흐름과 더불어 완전히 잊히고 말았던 것이다.

이리하여 반세기 동안이나 묻힌 채로 있던 선인의 논문을 발굴한 것이 앞에서 말한 카니차로였다. 카니차로는 카를스루에의 국제회의 단상에서 아보가드로의 가설이야말로 화학의 혼란한 상태를 풀어 나가는 열쇠이며, 이 가설을 바탕으로 분자의 존재를 받아들이기만 하면 원자량에 대한 혼란도 해결할 수 있다고 열렬히 호소했다. 아니, 단순히 호소했을 뿐만 아니라 아보가드로의 논문의 유용성을 소개한 소책자를 만들어 회의장에 있는 화학자들에게 배포했다.

이때의 상황을 독일의 화학자 J. R. von 마이어는 다음과 같이 회고하고 있다.

"카를스루에의 회의가 끝나고 나서, 카니차로의 요청으로 볼품없는 작은 책이 배포되었다. 나도 그것을 한 권 받아 돌아오는 길에

〈그림 6-3〉 '분자'라는 생각이 중요하다!

서 읽었다. 그리고 이 소책자가 가장 중요한 논쟁점을 명쾌하게 설명하고 있는 데에 놀랐다. 마치 눈이 번쩍 뜨이는 듯한 생각이 들었다."(F. 다네만, 『대자연과학사』)

이리하여 아보가드로의 논문이 부활되고, 이윽고 화학 교과서에서 친숙해질 만큼 높은 평가를 받게 된 것이다.

그러나 당사자인 아보가드로는 카를스루에 국제회의가 있기 4년 전(1856)에 이미 토리노에서 80년의 생애를 마치고 말았다. 그런 점을 생각하면 회의에서 열렬히 호소했던 카니차로의 가슴속에는, 위대한 업적이 알려지지 못한 채 죽은 같은 나라의 선배에 대한 연민의 정이 적잖이 담겨 있는 듯이 생각된다.

4. 천재 카르노의 잃어버린 논문

프랑스 혁명이 한창이던 때 파리에는 군의 기술 장교를 양성할 목적으로 에콜 폴리테크닉이라는 이공계(理工系) 학교가 설립되었다. 교수로는 G. 몽주, M. P. S. de 라플라스, J. L. 라그

랑주, J. B. J. 푸리에 등의 거물이 있었고 졸업생 중에도 5장
에서 등장했던 코시를 비롯하여, 앞 절에서 소개한 게이뤼삭,
물리학자 A. J. 프레넬, G. G. de 코리올리 등 뛰어난 인물들
을 배출했다. 좀 별난 인물로는 사회학(社會學)의 시조로 알려지
는 A. 콩트가 있다.

그런 뛰어난 인물 중에 다음 차례의 화제의 주인공이 되는
N. L. S. 카르노가 있었다. 카르노가 에콜 폴리테크닉에 입학
한 것은 학생들 중 가장 나이가 어린 16세 때였다. 장교의 군
복을 연상하게 하는 이 학교의 제복으로 몸을 감싼 카르노의
초상화가 남아 있다.

역사 속에서는 불행하게도 인생의 중도에서 요절한 천재의
존재가 이따금 눈에 띄는데, 카르노도 그런 사람 중의 하나였
다. 그는 1824년(28세)에 저술한 『불의 동력 및 이 힘을 발생
시키는 데 적합한 기관(機關)에 대한 고찰』(이하 『고찰』로 줄여서
적는다)이라는 제목의 책을 남겨 놓고, 1832년(36세) 콜레라에
걸려서 사망했다.

『고찰』은 카르노의 유일한 저작이 되었는데, 그가 이런 문제
에 관심을 품은 것은 당시의 공업 기술과 깊은 관련이 있다.
19세기로 들어가자 증기 기관의 개량이 진보하여 광범위한 공
업 분야에서 사용되게 되었다. 또 그것은 증기선이나 증기 기
관차 등 새로운 교통 기관의 탄생을 실현시키게 했다. 미국의
R. 풀턴이 허드슨강에서 증기선을 정기적으로 항행시킨 것이
1807년이고, 영국의 G. 스티븐슨이 스톡턴과 달링턴 사이에
증기 기관차를 달리게 한 것은 카르노가 『고찰』을 저술한 이듬
해인 1825년이었다.

그런 시대에 에콜 폴리테크닉을 졸업한 카르노는 효율이 높은 열기관(공급된 열을 기계적 일로 변환하는 원동기)의 개발이 중요하다고 생각하여, 그것을 위해 필요한 이론의 구축에 착수하게 되었다. 즉 카르노는 당초 실용적인 의도로 『고찰』을 썼던 셈인데, 이 연구는 19세기 중엽부터 후반에 걸쳐서 완성된 열역학(熱力學)이라는 새로운 물리학의 기초가 되는 것이다.

그러나 그런 높은 평가를 받게 되는 것은 훨씬 후의 일이다. 『고찰』이 발표되었을 때는(파리의 어느 서점에서 극히 적은 부수가 출판되었을 뿐이다) 동료들 사이에서만 읽혔을 정도에 지나지 않았고, 아보가드로의 경우와 마찬가지로 거의 주목을 받지 못한 채 잊히고 말았다. 그리고 『고찰』 자체도 어느 틈엔가 흩어져 없어지고 말았다.

게다가 불운하게도 콜레라로 사망한 카르노의 유품은 연구 노트를 포함하여 거의 다 소각되어 버렸다(전염을 막기 위한 당시의 관습 때문일 것이다). 카르노의 사고 과정이 엮인 귀중한 자료는 태반이 재로 돌아가 버린 것이다. 이리하여 요절한 천재의 존재는 하마터면 역사의 무대에서 사라질 뻔했다. 그런 위기를 벗어나게 된 것은 같은 에콜 폴리테크닉의 졸업생인 B. P. E. 클라페롱 덕분이었다.

5. 운명의 줄타기

카르노의 죽음으로부터 2년째인 1834년, 잊혀 가고 있던 『고찰』의 존재를 알아낸 클라페롱은 「열의 동력에 대하여」라는 제목의 논문을 써서 카르노의 업적을 소개하는 일에 힘을 썼다.

그런데 클라페롱의 소개 논문도 당장에는(감질나게도) 주목을 끌지 못했다. 카르노의 선구성(先驅性)이 널리 알려지게 된 것은 그로부터 다시 9년 후인 1843년, 클라페롱의 「열의 동력에 대하여」가 독일의 학술 잡지 『포겐도르프 물리학, 화학 연보(年報)(Poggendorf's Annalen der Physik und Chemie)』에 번역되고 난 후부터였다.

여기에서 중요한 역할을 한 것이 영국의 물리학자 W. 톰슨(후의 켈빈 경)이다. 클라페롱을 통해서 카르노의 연구를 안 톰슨(그는 이상한 인연이라고나 할지 『고찰』이 간행된 1824년에 출생했다)은 곧 『고찰』의 원저를 읽어 보려고 생각했다.

그러나 앞에서 말했듯이 이 책은 거의 없어져 버려, 간행 후 20년이나 지나서 그 책을 손에 넣는다는 것은 극히 어려운 상황이었다. 그 증거로 톰슨은 이 한 권의 책을 찾아내기까지 도서관, 고서점을 돌아다니며 3년의 세월을 소비했다.

그래도 노력한 보람이 있었는지 『고찰』의 원저를 손에 넣은 톰슨은 카르노의 이론을 상세히 연구하고, 그것을 계기로 열역학의 완성에 크게 공헌하게 된다. 절대온도의 단위 K는 켈빈 경의 머리글자에서 유래하지만, 그가 이러한 온도 눈금을 제창한 것도 카르노의 『고찰』이 힌트가 되었기 때문이다. 이에 이르러 겨우 카르노가 남긴 싹이 크게 꽃피게 되는 셈이다.

이렇게 역사를 돌이켜 보면 마치 아슬아슬한 줄타기라도 보고 있는 듯한 느낌이 강해진다. 역사에 대해서 '만약에 ……였더라면' 하는 논의는 무의미하겠지만, 그것을 알면서도 굳이 다음과 같은 사태를 생각해 보고 싶어지기 때문이다.

① 만약에 파리의 출판사가 이름도 없는 젊은이(카르노)의 원고 같은 것은 출판할 값어치가 없다고 거절하였더라면, ② 만

〈그림 6-4〉카르노 사이클(카르노가 생각한 4단계로 구성되는 열기관의 사이클)의 그림은 클라페롱의 논문에서 처음으로 소개되었다

약에 클라페롱의 『고찰』을 볼 기회가 없었더라면(어찌하여 운 좋게 클라페롱이 『고찰』을 만나게 되었는지는 지금도 알지 못하고 있다), ③ 만약에 톰슨(켈빈 경)이 성미가 급한 사람이어서 일찌감치 『고찰』의 수색을 체념해 버렸다면…… 이 중 어느 하나라도 '만약'에 그렇게 되어 버렸었다면 카르노의 업적은 묻힌 채로 끝났을지 모를 일이다.

그런데 아보가드로나 카르노의 경우 자기들이 한 연구의 행방을 모르는 채로 이 세상을 하직했다는 것은 정말로 안타깝다는 생각이 든다. 되풀이하는 말이 되겠지만 당사자들로서는 무척이나 억울한 생각이 들었을 것이다.

그래도 죽은 뒤에나마 그 존재를 알고 소개에 힘쓴 사람들이 나타났던 만큼, 그런대로 다행이었다는 생각도 든다. 어쩌면 묻힌 채로 영영 사람들에게 알려질 기회를 놓친 위대한 업적이 달리 또 있을지도 모르기 때문이다.

6. 색다른 과학자, 캐번디시

19세기에는 아보가드로와 카르노 말고도 같은 운명을 밟아 간 과학자가 흔히 눈에 띈다. 이를테면 독일의 물리학자 G. S. 옴이 실험으로 제시한 유명한 전기의 법칙(옴의 법칙)은 1827년 『수학적으로 다룬 갈바니 회로』라는 제목의 저작 속에서 발표되었는데 그것이 인정된 것은 1841년, 그것도 독일의 학계가 아니라 런던의 왕립협회에서였다.

또 오스트리아의 신부 G. J. 멘델은 1866년에 역시 유명한 유전의 법칙(멘델의 법칙)을 제창한 논문 「식물 잡종의 연구」를 발표하기는 했었지만, 별로 평가도 받지 못하고 1884년에 죽었다. 멘델의 논문이 그 혁신성(革新性)을 널리 인정받게 되는 것은 겨우 1900년에 이르러서의 일이었다.

물론 경우는 엇비슷해도 저마다의 과학자에게는 각각 고유의 드라마가 있다. 그런 의미에 있어서는 개개인에 대한 흥미도 끝이 없겠지만, 이 장에서는 마지막으로 그중 좀 색다른 존재라고 할 수 있는 인물을 들어 볼까 한다.

그 인물이란 영국 데번셔의 귀족으로 물리, 화학에 수많은 훌륭한 업적〔수소의 발견, 물의 합성, 잠열, 비열(比熱) 연구, 지구 밀도 측정, 정전기력(靜電氣力)의 역제곱 법칙 발견……〕을 남긴 J. 캐번디시(1731~1810)이다.

그가 어떻게 색다른 존재였는가 하면 방대한 연구 성과의 태반을(물론, 자신의 의지로) 거의 공표하려 하지 않았던 것이다. 특히 전기에 관한 연구는 약 1세기 후, 이 뒤에서 소개하듯이

J. C. 맥스웰이 캐번디시의 유고를 정리하여 출판하기까지 거의 세상에 알려진 일이 없었다.

지금까지 줄곧 말해 왔듯이 과학자는 앞을 다투어 발견의 영예를 차지하려 하는 것이 상례였다. 그런데 캐번디시처럼 그런 세속적인 관심에 완전히 등을 돌리고 자기 혼자만의 세계에 파묻혀서 연구의 즐거움만을 누린 사람도 있었던 것이다.

7. 억만장자의 은둔 생활

캐번디시가 과학 연구에는 정력적으로 도전하면서 논문의 발표에는 소극적이었던 것은, 그의 놀라울 만큼 내성적인 성격에 기인하는 바가 크다.

이 점에 대해서는 캐번디시의 전기에 숱한 에피소드가 엮여 있는데, 그것들을 종합하면 번화하고 떠들썩한 런던 시내에서 극도로 사교를 싫어하며 은둔자와 같은 생활을 보내고 있던 별난 과학자의 모습이 떠오른다.

캐번디시는 케임브리지대학에서 공부를 했고, 졸업 후에는 자택에 갖추어 놓은 실험실에 틀어박혀 혼자서 연구에 전념하는 나날을 보냈다. 어쩌다가 왕립협회의 모임에 얼굴을 내미는 것 외에는 외출하는 일도 없었고 사람들과 교제하는 것을 꺼렸다고 알려져 있다. 흔히 인용되는 유명한 이야기지만 여성을 극도로 싫어하여(물론 79세로 별세할 때까지 평생을 독신으로 지냈다) 시중을 드는 하녀와도 직접 말하기를 꺼려서 일을 시킬 때는 메모를 써서 전달했다고 한다.

그는 이와 같은 내성적인 성격뿐만 아니라 무척 결벽적인 성격의 소유자이기도 했던 것 같다. 남의 평가야 어떠하든 자신이 납득할 수 있는 연구 성과가 나오기까지는 결코 만족하지 못했다. 따라서 어중간한 단계에서 의문의 여지를 남겨 둔 채 무엇을 발표하는 일은 하지 않았다. 일종의 완벽주의자였던 것이라 생각된다.

이상과 같은 기질을 생각하면, 캐번디시의 업적 중 대부분이 생전에는 감추어진 채로 있었다는 것도 나름대로 수긍이 간다.

그런데 캐번디시에 대해 얘기할 때 잊어서는 안 될 한 가지는 그가 엄청난 갑부였다는 점이다. 1810년에 사망했을 때, 그는 개인 보유액으로는 영국 최고의 공채(公債)를 가졌고 유산은 막대한 금액에 달했다. 프랑스의 물리학자 J. B. 비오가 "캐번디시는 과학자 중에서는 가장 갑부이며, 갑부 중에서는 가장 위대한 과학자다"라고 말했을 정도였다(J. G. 크라우더 『산업 혁명기의 과학자들』).

아마도 넘치고 남는 재산으로 캐번디시의 사설 실험실 운영은 아무런 부자유도 느끼지 않았을 것이다. 특이한 성격과 경제적으로 풍족한 환경이 캐번디시를 세상의 비린내 나는 명예욕으로부터 멀어지게 하여 오로지 자연과의 교류에만 탐닉하는 세계에 가두어 놓은 듯하다.

그런데 처자가 없는 캐번디시의 유산은 그의 사촌에게 계승되었다. 그리고 그 사촌의 손자(7대째 데번셔 공작이 된 W. 캐번디시. 그는 케임브리지대학의 총장도 지냈다)가 케임브리지대학에 기부한 기금에 의해서 1874년, 실험 물리학의 발전을 목적으로 한 캐번디시 연구소가 설립되었다. 이 연구소는 20명이 넘는 노벨상 수상자를 낳아 세계적으로 중요한 연구 기관으로서 현재도 높은 평가를 받고 있다고 잘 알려져 있다.

〈그림 6-5〉 '과학자 중에서 최고의 갑부'였던 캐번디시의 저택

이때 초대 소장으로 취임한 것이 앞에서 말한 맥스웰이다. 맥스웰은 전자기학의 체계화와 통계 역학의 연구 등으로, 19세기의 과학사에 빛나는 이름을 남긴 초거물 물리학자이다. 그 초거물이 만년(맥스웰은 한창 활동기라고 할 수 있는 48세의 젊은 나이로 1879년에 사망함)에 심혈을 기울인 일이 캐번디시의 숨겨진 연구의 해명이었다.

8. 맥스웰에 의한 해명

연구소가 설립된 1874년, 맥스웰은 데번셔 공작으로부터 캐번디시가 남겨 놓은 20권의 원고 다발을 건네받았다. 그것은 1771년부터 1781년에 걸쳐서 행해진 전기에 대한 연구를 기록한 것이었다. 이리하여 1세기 동안이나 사람의 눈에 닿지 않고 지내 온 불가사의한 과학자의 유고는 맥스웰이라는 알맞은 사람을 얻어 가까스로 세상에 드러나게 되었다.

그런데 캐번디시의 유고를 손에 든 맥스웰은 거기에 기록된

내용을 보고 깜짝 놀랐다. 그 후 1세기 동안에 이룩된 전기학
의 중요한 연구 대부분(이를테면 쿨롱의 법칙이나 옴의 법칙)을 캐
번디시가 이미 발견했다는 것을 알았기 때문이다. 그리고 그는
그것을 일생 동안 아무에게도 알리지 않고 죽었던 것이다.

맥스웰은 발족한 지 얼마 안 된 연구소의 바쁜 시간을 쪼개
어 건네받은 미발표의 '보물의 산더미'를 해명하는 데에 5년간
의 시간을 소비했다. 그것도 단순히 캐번디시의 유고를 판독하
고 정리할 뿐만 아니라 위대한 선인이 한 실험을 하나하나 자
신이 직접 추시(追試)하는 열성을 보였다.

그런데 이렇게 쓰면 맥스웰만 한 대과학자가 아무리 위대하
다고 해도 100년 전 연구의 발굴에 귀중한 시간을 빼앗겼다는
것은 지나치다는 인상을 가질지 모른다. 캐번디시의 연구가 설
혹 사람에게 알려지지 않고 끝났다고 한들 그의 발견은 그 후
다른 과학자에 의해 이루어졌으며, 그런 의미에서 역사는 어김
없이 캐번디시의 침묵을 메꾸어 온 셈이 된다.

그러나 맥스웰이 자신의 연구 시간을 희생하면서까지 캐번디
시에게 빠져든 것은 남(평범한 사람)에게서는 엿볼 수 없는, 천
재끼리의 시간을 초월한 공명이 있었기 때문일 것이다. 이리하여
1879년 10월, 맥스웰의 편집에 의한 캐번디시의 미발표 논문
집이 간행되어 별난 과학자의 전기학 연구의 전모가 밝혀졌다.

맥스웰이 케임브리지에서 사망한 것은 그로부터 한 달 후인
11월 5일이었다.

7장
눈물을 삼킨 사람들

1. 에베레스트에서 사라진 맬러리

세계의 최고봉 에베레스트(8,848m)의 첫 등정에 성공한 것은 1953년 5월 29일, 영국의 등산가 E. 힐러리와 셰르파(Sherpa) 인 텐징, 두 사람이었다.

처음으로 산의 정상에 올라선 것은 두 사람뿐이었지만 거기에 이르기까지의 기나긴 도정에는 에베레스트의 등산사(登山史)를 장식한 수많은 사람들의 노력과 희생이 있었다는 것이 알려져 있다. 그중에서도 특기할 존재는 1924년, 정상을 눈앞에 두고 에베레스트에서 사라진 영국의 등산가 G. L 맬러리일 것이다. "왜 에베레스트에 올라가는가?" 하는 물음에 대하여, "거기에 산이 있기 때문이다"라는 유명한 말을 한 것으로 알려진 그 맬러리이다.

그런데 영국이 에베레스트의 첫 등반을 노려 등반 루트의 조사를 실시한 것은 1921년이었다. 이때 영국 등반대는 7,000m 지점까지 도달, 거기에서부터 북동 능선을 따라 정상으로 뻗어 있는 루트를 확인했다. 곧 그 이듬해에 본격적인 등산대가 편성되고, 에베레스트의 정복에 도전했지만 악천후로 저지되어 등정에 실패했다.

그래서 1924년, 다시 도전이 시도된다. 이때 정상에 도전한 사람이 1921년의 조사대 이래 매번 에베레스트 원정에 참가하고 있던 맬러리와 젊은 대원 어빈이었다. 그러나 두 사람은 정상을 겨냥하면서 8,600m 부근을 등반하는 모습이 목격된 것을 최후로 소식이 끊기고 말았다. 유해는 오늘날까지 발견되지 않았다.

그래서 과연 맬러리와 어빈이 등정에 성공했는가, 못 했는가

〈그림 7-1〉「'맬러리의 수수께끼'에 새로운 증언」의 신문 기사

하는 논쟁이 일어났다. 즉, 정상에 서기는 했으나 하산하던 도중에 조난했는가, 아니면 정상 일보 직전에 비극이 일어났었는가가 수수께끼로 남겨진 것이다.

결국 당시의 여러 가지 상황으로 보아, 두 사람이 모두 등반 도중에 미끄러져 떨어져서 정상을 정복하지 못했을 것이라는 것이 일단 정설로 되어 있다.

그런데 10년쯤 전에 이 정설이 뒤집힐지도 모른다는 뉴스가 보도되었다(「'맬러리의 수수께끼'에 새로운 증언」, 일본 『요미우리 신문』 1980년 1월 1일). 그에 따르면, 1979년 가을 중국의 등산가 왕홍보(王洪實)가 에베레스트의 8,100m 부근에서 영국인의 유해를 보았다고 증언, 그것이 맬러리나 어빈일 가능성이 짙다고 한 것이다. 그러나 그 직후 왕홍보 자신도 에베레스트에서 조난하여 그가 보았다는 유해가 있는 곳을 확인할 방법이 없어졌다.

또 한 가지는 맬러리가 휴대하였던 코닥 카메라에 그들 두 사람이 정상에 선 증거가 찍혀 있을지 모른다고 미국의 등산 연구가가 지적한 점이다(코닥사의 얘기로는 카메라에 빛이 들어가 있지 않으면 현재도 현상이 가능하다고 한다).

그것은 곧 에베레스트 산정 부근의 어딘가에서 문제의 유해나 카메라가 발견된다면 맬러리와 어빈에게 얽힌 불가사의한 수수께끼가 단번에 풀릴지 모른다는 이야기가 된다.

그런데 1장에서 과학을 모험에 비유해 말했듯이, 과학자 중에도 맬러리처럼 산정이 아닌 발견 일보 직전까지 다가갔으면서도(또는 발견에 이르렀으면서도) 선취권을 얻을 수 없었던 사람들이 있다. 발견의 값어치가 에베레스트 정도로 높아지면 그만큼 선취권을 놓친 분함도 크다. 그래서 이 장에서는 일보 직전에서 분한 눈물을 삼킨 과학자의 이야기를 몇 가지 소개해 보기로 한다.

2. 주기율의 발견

여기서 다시 한 번, 1860년에 열린 카를스루에 국제화학회의(6장)의 출석자를 상기해 주기 바란다. 그중에는 독일의 J. L. 마이어와 러시아의 D. I. 멘델레예프가 있었다. 그들은 그로부터 9년 후, 각각 독립적으로 원소의 주기율을 발견하게 된다.

그 계기는 19세기에 들어와서 새로운 원소가 연달아 발견된 데 있다. 이를테면 전기 분해법이 확립된 덕에 19세기 초 나트륨, 칼륨, 칼슘, 마그네슘 등이 잇따라 발견되었다. 또 광물로부터 카드뮴, 규소, 알루미늄 등이 분리되었다. 이리하여 1860년대에는 약 60개 원소의 존재가 확인되기에 이르렀다. 이만큼 수가 증가하게 되자, 무언가 적당한 기준을 마련하여 원소를 정리, 분류할 필요가 있다는 것을 많은 화학자가 통감하게 되

но въ нец, мнѣ кажется, уже ясно выражается примѣнимость вы-
ставляемаго мною начала ко всей совокупности элементовъ, пан
которыхъ извѣстенъ съ достовѣрностью. На этотъ разъ я и желалъ
преимущественно найдти общую систему элементовъ. Вотъ этотъ
опытъ:

			Ti=50	Zr=90	?=180.
			V=51	Nb=94	Ta=182.
			Cr=52	Mo=96	W=186.
			Mn=55	Rh=104,4	Pt=197,4
			Fe=56	Ru=104,4	Ir=198.
		Ni=Co=59		Pl=106s,	Os=199.
H=1			Cu=63,4	Ag=108	Hg=200.
	Be=9,4	Mg=24	Zn=65,2	Cd=112	
	B=11	Al=27,4	?=68	Ur=116	Au=197?
	C=12	Si=28	?=70	Sn=118	
	N=14	P=31	As=75	Sb=122	Bi=210
	O=16	S=32	Se=79,4	Te=128?	
	F=19	Cl=35,s	Br=80	I=127	
Li=7	Na=23	K=39	Rb=85,4	Cs=133	Tl=204
		Ca=40	Sr=87,4	Ba=137	Pb=207.
		?=45	Ce=92		
		?Er=56	La=94		
		?Yt=60	Di=95		
		?In=75,6	Th=118?		

〈그림 7-2〉 1869년에 멘델레예프가 최초로 제시한 주기율표(숫자는 원자
량). (I. 아시모프 『화학의 역사』에서)

었다.

　그런 상황에 있던 1869년 3월, 갓 설립된 러시아 화학회에
서 멘델레예프의 「원소의 성질과 원자량과의 관계」라는 제목의
논문이 발표되었다(본인이 출석하지 못했기 때문에 동료가 대신 읽
었다). 또 그 2년 후(1871)에는 보다 자세한 논문이 독일의 『리
비히 화학, 약학 연보』에 게재되었다.

　이 가운데에서 멘델레예프는 당시에 알려져 있던 63개의 원
소를 원자량이 작은 순서로 배열하면 화학적으로 비슷한 성질

114

〈표 7-1〉 저마늄의 특성

	현재의 수치와 분자식	멘델레예프의 예언
원자량	72.3	72
비중	5.47	5.5
산화물	GeO_2	GeO_2
산화물의 비중	4.703	4.7
염화물	$GeCl_4$	$GeCl_4$
염화물의 끓는점	86℃	100℃ 이하
플루오린화물	GeF_4	GeF_4
에틸 화합물	$Ge(C_2H_5)_4$	$Ge(C_2H_5)_4$
에틸 화합물의 끓는점	160℃	160℃

이 주기적으로 나타난다는 것을 지적하고, 그것을 12열 8행으로 배열한 표를 제시했다. 이로써 오늘날 화학 교과서에서 낯익은 주기율표의 원형이 완성된 것이다.

그리고 주목할 일로 멘델레예프는 표 가운데에 미발견의 원소를 대담하게 빈칸으로 남겨 두었다. 즉, 빈칸에 들어가야 할 원소의 존재와 그 자세한 특성을 '대담'하게도 예언해 보였던 것이다. 또 주기율을 바탕으로 원자량의 값을 정확하게 수정할 수 있다는 것도 밝혔다. 이리하여 아직 알려지지 않은 원소를 발견할 유력한 실험 지침이 주어진 셈이다.

과연 멘델레예프의 예언대로 1875년에 갈륨(Ga: 발견자는 프랑스의 P. E. L. de 부아보드랑), 1879년에는 스칸듐(Sc: 스웨덴의 L. F. 닐손), 1886년에는 저마늄(Ge: 독일의 C. A. 빙클러) 등이 연달아 발견되었다. 주기율을 바탕으로 한 예언이 얼마나 정확

했는지는 〈표 7-1〉에 보인 저마늄의 예가 가리키는 그대로다
(F. 다네만, 『대자연과학사』). 이리하여 주기율이라는 파악 방법의
중요성이 널리 인정되어 원소의 체계화의 기초가 완성되어 간
다.

3. 마이어의 '나머지 한 걸음'

한편, 마이어 쪽은 멘델레예프보다 한 걸음 빠른 1864년에
저술한 『화학의 근대 이론』에서 불충분하나마 주기율의 싹에
해당하는 아이디어를 싣고 있다. 그리고 1869년 12월 「원자량
의 함수로서 화학 원소의 성질」이라는 논문을 완성하여, 이듬
해 독일의 잡지에 발표했다.

여기에 마이어는 56개의 원소를 배열한 표(멘델레예프의 경우
와 마찬가지로 곳곳에 빈칸이 있다)를 싣고 있다. 또 원자량의 증
가에 대해 원자 부피(원자량/밀도)의 값이 주기적으로 변화한다
는 것을 그래프로 나타내었다. 이리하여, 발표가 멘델레예프보
다 약 1년 늦어지기는 했지만 마이어도 독립적으로 주기율을
발견했던 셈이다.

이와 같이 두 화학자는 거의 같은 시기에 거의 같은 결론에
도달한 셈인데, 오늘날 주기율의 발견이라고 하면 멘델레예프
의 이름만 떠오르고 마이어의 존재는 거의 잊혀 있다. 즉, 어느
틈엔가 두 사람 사이에는 업적 평가에서 확연한 차이가 생겨
버린 것이다.

이 점에 대해서는 다음과 같이 해석되고 있다. 멘델레예프는
원소의 화학적 성질을 바탕으로 주기율의 개념을 확립하고, 앞
에서 말한 것처럼 미발견 원소의 특성을 지극히 정확하게 주저

없이 예언했다.

과학의 법칙이나 이론에 있어서 '예지 능력(豫知能力)'이 높다는 것은 그 신빙성을 보증하는 중요한 포인트가 된다. 이를테면 해왕성의 존재를 멋지게 예언한 뉴턴의 역학이 그러했듯이 말이다.

원소건 행성이건, 누구나 미지의 것에 대해서는 강한 호기심을 품는다. 그 호기심에 대담한 예언으로 부응하면 이것은 틀림없이 일종의 강렬한 '퍼포먼스(Performance: 연기)'가 된다(멘델레예프 자신이 그것을 어느 정도까지 의식하고 있었는지는 모르지만). 결과적으로 그것이 성공하여 멘델레예프의 이름을 그토록 높여 놓게 되었을 것이다.

이에 반해 마이어는 원소의 원자 부피, 팽창률, 가단성(可鍛性)이라는 물리적인 특성에 주목하여 주기율표를 만들었다. 그랬던 만큼 멘델레예프처럼 미발견의 원소를 예언하는 데까지는 캐고 들어갈 수 없었고(굳이 엄밀한 표현을 한다면) 단순한 원소의 분류 단계에 머물러 버렸다는 흠이 있다.

이리하여 언뜻 보기에는 같은 개념에 도달하고, 같은 내용의 표를 만들었으면서도 그것이 의미하는(또는 미래를 전망하는) 참된 중요성을 꿰뚫어 보는 나머지 '한 걸음'으로의 진입 부족이 승패의 갈림길이 되었던 것이다.

등산에 비유하면, 마이어는 에베레스트의 9할대, 아니 9.9할대까지 도달했었던 셈이 된다. 그러나 정상까지의 거리가 아무리 근소하다 하더라도(다시 한 번 엄밀한 표현을 한다면) 정상에 이르지 못하면 그것은 마침내 잊힐 운명에 있다. 그만한 '잔혹성'을 자연 과학은 지니고 있는 것이다.

〈그림 7-3〉 마이어의 분함

4. 약간은 듣기 좋은 이야기

마이어도 스스로 그런 차이를 알고 있었던지, "내게는 멘델레예프와 같은 대담성이 없었다"라고 후에 회상하였다.

그런데 어쨌든 선취권을 에워싼 이야기라고 하면 논쟁이 따르기 마련인데, 주기율의 발견에서는 마이어의 유순한 마음으로부터도 짐작되듯이 그런 사태까지는 일절 이르지 않았다. 그것을 말해 주는 좋은 이야기가 남아 있기에 여기에 소개한다.

1887년, 빅토리아 여왕 즉위 50주년을 축하하는 영국 과학진흥협회의 행사가 맨체스터에서 있었다. 그 축하연에는 멘델레예프와 마이어도 초대되었다. 축하연이 흥겹게 무르익었을 즈음, 원소의 주기율의 발견자 멘델레예프 교수가 소개되었다. 우레 같은 박수 속에서 연설을 간청받았으나 멘델레예프는 영어를 전혀 몰랐다.

그때, 많은 출석자가 지켜보는 가운데 조용히 일어선 것은 마이어였다. 그리고 그는 말했다. "나는 멘델레예프가 아닙니다. 마이어라는 사람입니다. 멘델레예프 씨는 영어를 하시지 못합니다. 그래도 지장이 없으시다면 러시아어로 감사의 말씀을 드리고 싶다고 말씀하고 계십니다." 두 사람은 다시 박수 속에 묻혔다.

같은 정상을 노렸던 사람만이 아는 라이벌에 대한 존경심이 이렇게 마이어를 일어서게 했고 멘델레예프에게 스포트라이트를 비추는 역할을 연출하게 했을 것이다. 그것은 상쾌할 만큼 자연스러운 행동이었다.

5. 아인슈타인과 로렌츠 변환

그런데 형식적으로는 아주 비슷하면서도 기본적인 사고방식, 본질에 대한 이해의 깊이가 달랐던 또 하나의 예로 상대성 이론을 에워싼 A. 아인슈타인과 H. A. 로렌츠의 연구가 생각난다.

19세기 후반, 맥스웰에 의해 전자기학이 확립되자 지구의 '절대속도'를 구하려는 기운이 일어났다. 맥스웰의 이론에 따르면 빛(전자기파)은 공간을 초속 약 30만 킬로미터(광속 c)로 전파하는 것이 된다. 그때 빛을 파동으로서 전달하는 매질로 당시에 생각되고 있었던 것이 '에테르'라는 가상 물질이다. 에테르는 우주 공간에 충만하고 우주의 중심에 대해 절대정지를 하고 있는 것이라고 가정되어 있었다(이것을 '정지 에테르설'이라고 한다).

그렇다면 지구도 에테르 속을 움직이고 있으므로 우리가 보는 빛의 속도는 지구와 빛의 상대운동에 의존하여 변화하게 된다. 즉, 빛을 여러 방향으로 달려가게 하여 속도의 차이를 측정

〈그림 7-4〉 동일한 공식에 도달했더라도 아인슈타인과 로렌츠는 그 물리적
관점이 달랐다

하면 에테르에 대한 지구의 속도(절대속도)를 알게 된다.

그런 전제에 입각하여 1887년에 실시된 것이 A. A. 마이컬슨과 E. W. 몰리에 의한 유명한 광속 측정 실험이다.

그러나 의외로, 그들의 실험은 달려가는 방향에 관계없이 빛의 속도는 항상 같다는 불가사의한 결과로 끝났다. 이 결과를 순수하게 그대로 해석하면 지구의 절대속도는 제로(0)가 되어 버린다(이래서는 수백 년 만에 천동설이 부활하게 된다). 당시의 물리학자는 이 기묘한 귀결에 골치를 앓게 되었다.

물리학이 이런 궁지에 몰렸을 때 네덜란드의 로렌츠는 에테르 속을 운동하는 물체는 그 속도에 따라서 운동 방향으로 수축한다는 가설을 세우고, 마이컬슨과 몰리의 실험 결과를 설명하려 했다. 그리고 다시 이 생각을 발전시켜 1904년, '로렌츠 변환'(서로 등속도 운동을 하는 좌표계 사이에서 전자기학의 기본 방정식을 변함없이 유지하는 좌표 변환)이란 공식을 이끌어 내었다.

그런데 이듬해인 1905년 아인슈타인은 「운동 물체의 전기역학」이라는 제목의 논문에서 상대성 이론을 발표하는데, 로렌츠 변환은 적어도 수학적 형식에 있어서는 아인슈타인이 이 논문에서 이끌었던 식과 완전히 같았다.

그러나 표면적으로는 같아도 아인슈타인이 시간과 공간의 개념을 밑바탕부터 뒤흔드는 대담한 발상(그것은 여태까지의 상식을 뒤집어 놓는 것이 된다)에 의해서 상대성 이론에 도달한 데 반해, 로렌츠는 계속 에테르의 존재를 고집하여 종전 물리학의 테두리 안에 머물러 있었다.

주기율에 있어서의 마이어처럼 로렌츠도 과감하게 한 걸음을 더 내디딜 수가 없었다. 여기에서도 그 한 걸음의 차이가 아인슈타인과 로렌츠에 대한 평가의 큰 갈림길이 되었다.

6. 과학에 있어서의 '루빈의 항아리'

다음 차례의 이야기는 캐번디시 연구소를 무대로 한다. 맥스웰이 죽은 후 2대 소장으로 J. W. S. 레일리(아르곤의 발견으로 1904년, 노벨 물리학상 수상), 3대에는 J. J. 톰슨(전자의 발견으로 1906년 노벨 물리학상 수상), 그리고 4대 소장으로 E. 러더퍼드(방사성 물질의 화학 연구로 1908년 노벨 화학상 수상)를 맞이하였고, 1930년대로 들어가면서 캐번디시 연구소는 실험 물리학의 중심적 역할을 담당하게 되었다.

그것을 상징이라도 하듯이 1932년 이 연구소의 J. 채드윅은 중성자의 발견이라는 위대한 업적을 올렸다(이것은 1935년의 노벨 물리학상으로 이어졌다). 이 발견에 의해 원자핵은 양성자와 중성자로 구성되어 있다는 것이 밝혀지고 그 후의 핵물리학(核物理學) 발전에 큰 도약을 이루었다.

그런데 채드윅보다 1년 전에 이미 중성자의 흔적을 포착하고 있던 과학자가 있었다. M. 퀴리 부인의 딸 이렌과 그의 남편 F. 졸리오퀴리 두 사람이다.

당시, 방사성 원소로부터 나오는 알파선을 베릴륨에 쬐이면 거기에서부터 투과성이 강한 정체불명의 방사선(이것은 '베릴륨선'이라 불리고 있었다)이 발생한다는 것이 알려져 있었다. 졸리오퀴리 부부는 이 베릴륨선을 파라핀 등의 물질에 쬐이면 양성자가 세차게 튀어 나오는 것을 발견했다. 이 결과로부터 그들은 베릴륨선의 정체가 '감마선'(에너지가 높은 전자기파)이라고 생각했다.

〈그림 7-5〉 감마선을 움직이기에는 양성자는 너무 무거웠다

그것에는 까닭이 있다. 그보다 몇 해 전에 미국의 A. H. 콤프턴이, X선을 물질에 쬐이면 X선이 입자(광자, 光子)로서 물질 내의 전자와 충돌하여 일종의 당구공 치기 현상(콤프턴 효과)이 일어난다는 것을 발견했기 때문이다. 즉, X선보다도 에너지가 높은 감마선을 충돌시키면 당구공 치기와 마찬가지 현상을 일으켜 양성자가 물질로부터 나오게 될 것이라는 것이다.

그러나 아무리 감마선의 에너지가 높다고 한들, 전자의 2,000배에 가까운 질량을 갖는 양성자를 튀겨 내는 데는 약간 무리가 있었다.

이에 반해, 졸리오퀴리 부부의 실험 뉴스를 들은 채드윅에게는 직감적으로 와닿는 것이 있었다. 그는 이 무렵 전기적으로 중성인 입자가 존재하지 않을까 하는 생각을 갖고 있었으며, 베릴륨선의 정체야말로 그 미지의 입자가 아닐까 하는 생각에 도달했었기 때문이다.

중성의 입자라면 물질에 입사(入射)하더라도 원자의 전하(電荷)

〈그림 7-6〉 심리학에서 사용되고 있는 '루빈의 항아리'

의 영향을 받는 일이 없기 때문에, 물질 속을 휙휙 통과해 갈 수가 있다. 이것은 투과성이 높다는 베릴륨선의 특징과 일치한다. 또 중성 입자의 질량이 양성자와 같을 정도라면 충돌을 일으켰을 때 양성자가 튀겨 나갔다고 한들 이상할 것이 없다. 거기에서 채드윅은 곧, 베릴륨선을 여러 가지 물질에 쬐여서 원자핵과의 충돌을 조사하고 거기서부터 중성자의 존재를 실증했던 것이다.

여기에서 한 가지 비유를 들어 보자. 심리학 책에 자주 인용되는 덴마크의 심리학자 E. J. 루빈의 '루빈의 항아리'라는 그림이 있다. 검은 부분에 주목하면 항아리의 실루엣으로 보이지만, 흰 부분을 의식하면 두 사람이 서로 마주 보고 있는 얼굴이 떠오르는 낯익은 도형이다(그림 7-6).

심리학에서 이 그림을 보고 항아리로 대답하는가, 얼굴이라고 대답하는가에 따라 인간의 심리 상태를 어떻게 판단하는지는 잘 모르겠지만, 베릴륨선의 조사(照射) 실험에서는 그 해석

방법이 중성자 발견의 열쇠가 되었던 것이다.

즉, 같은 실험 결과를 보더라도 콤프턴 효과라는 선입관에 사로잡혀 있었던 졸리오퀴리 부부는 베릴륨선을 감마선이라고 단정하고 말았다(어느 쪽에 비유해도 상관이 없지만, 항아리라고 생각하면 항아리밖에 보이지 않듯이). 한편, 중성 입자의 존재를 예감하고 있었던 채드윅에게는 그것이 문제의 입자로서 떠올라 보였던 것이다.

여기에도 목표 직전의 간발의 차가 승패를 결정짓는 냉엄한 현실이 있었다.

7. 터널 다이오드

그런데 훨씬 시대가 내려와서 1973년, 일본의 에사키 레오나(江峰玲於茶) 박사는 「고체 내 터널 효과의 연구」로 일본 사람으로서는 세 번째로 노벨 물리학상을 수상했다.

그가 연구한 터널 다이오드(Tunnel Diode)는 특정 전압의 영역에서 전압을 높여 가면 전류가 감소하는 특유한 현상을 가리키는데 전류-전압 특성에 〈그림 7-7〉과 같은 '혹'이 나타난다. 에사키 박사는 이 '혹'을 발견한 셈인데 '혹'을(그리고 결과적으로는 노벨상도) 눈앞에 두고 분한 눈물을 삼킨 한 과학자가 있었다. 그것은 에사키 박사의 노벨상 수상 강연에서도 이름이 나오는 벨 연구소의 차이노웨스이다.

그 상황을 재미있는 비유를 들어 소개한 글이 있다. 그것을 인용하고 이 장을 맺기로 한다.

"그(차이노웨스)야말로 높은 농도의 도핑(Doping: 결정 속에 불순물을 보태는 것)을 한 p-n 접합을 가장 먼저, 가장 상세히 조사한 연

〈그림 7-7〉 내가 보고 싶었던 것은 저 '혹'이었단 말이야!

구자의 한 사람이며 더욱이 터널 효과의 존재를 일찌감치 확인한 사람이다.

　그런데 그는 도핑을 나머지 불과 한 걸음 더 진전시키지 못했기 때문에, 단지 그것 때문에 '혹'의 존재를 발견하는 행운을 얻지 못했다. 어쩌면 이토록 불운했던 사나이인가! 비유해서 말한다면 가부키좌(歌舞技座)*를 보기 위해 규슈(九州)로부터 상경하여 유라쿠초(有樂町)의 모퉁이까지 왔으면서도 거기서 되돌아간 것과 같은 것이다."

(기쿠치 마코토 「노벨 물리학상—터널 다이오드의 주변」,
『일본 물리학회지』1974년 1월호)

　이리하여 '불과 한 걸음'이 나중에는 메울 수 없는 거리로 넓혀지고 만다. 과학 연구의 냉엄함을 새삼 목격하는 듯한 느낌이 든다.

---

* 역자 주: 일본 고유의 연극을 상영하는 곳

8장

발견에 자기 이름을 새긴 과학자

128

1. 『모래의 여인』

1962년에 발표된 아베 고보(安部公房)의 이색 소설 『모래의 여인』은 일본의 문학 작품으로는 드물게 20여 개 언어로 번역되어 국제적인 화제작이 되었다.

이야기는 어느 더운 여름날, 한 사나이가 기차와 버스를 갈아타고 모래 언덕에 에워싸인 쓸쓸한 마을을 방문하는 데서부터 시작된다. 사나이는 신종 곤충을 찾아 모래 언덕의 마을로 왔는데 그 상황이 다음과 같이 묘사되어 있다.

"모래땅에 사는 곤충의 채집이 사나이의 목적이었다.

물론, 모래땅의 벌레는 형태도 작고 화려하지도 못하다. 그러나 한몫을 하는 채집광이라면, 나비나 잠자리 따위에는 관심이 없다. 그들 채집광이 노리는 것은 자신의 표본 상자를 화려하게 장식하는 일도 아니고, 분류학적인 관심도 아니며, 또 물론 한약의 원료를 찾는 일도 아니다. 곤충 채집에는 더 소박하고 직접적인 기쁨이 있는 것이다. 신종의 발견이라는 일이다. 그것에만 성공하면 기다란 라틴어의 학명과 더불어 자기 이름도 이텔릭체의 활자로 곤충 대도감에 기록되고, 그리고 아마 반영구적으로 보존될 것이다. 설사 벌레의 형태를 빌어서라도 오랫동안 사람들의 기억 속에 머물러 있을 수만 있다면 노력한 보람도 있다고 할 것이다."

그러나 사나이는 신종 곤충을 발견하기 전에 흘러온 모래로 거의 다 삼켜질 뻔한 집에 갇히고, 거기에 사는 한 여인과 이상한 생활이 시작된다는 것으로 줄거리는 전개되어 간다. 그 뒷일은 소설에 넘기기로 하고, 여기에서 주목하고 싶은 점은 인용문에 있는 '신종을 발견하여, 자기 이름을 벌레에 의탁하여 남기고 싶다'는 채집광의 심리이다.

　말할 필요도 없이, 학명으로 자기 이름을 남기기 위해서는 최초의 발견자가 되어야 한다. 그러나 사람의 눈에 띄기 쉬운 곳에 있는 곤충은 대부분 이미 발견되어 있기 때문에, 신종 탐색은 결국 그다지 사람이 가지 않는 곳에서 이루어지게 된다. 『모래의 여인』에서 더운 여름 한나절을 사나이가 땀에 흠뻑 젖으면서 정신없이 모래판을 훑고 다니는 행위는 미친 노릇으로 비칠지 모른다. 그러나 신종에다 자기 이름을 새겨 놓고 싶다는 채집광의 심리는 선취권에 대한 집착의 한 표현으로 이해될 수 있지 않을까?

2. 별에다 이름을!

　이것과 똑같은 일은 혜성의 발견자들(Comet Hunter)에게서도 찾을 수 있다. 그 효시가 된 것이 핼리 혜성의 발견일 것이다.

　이 아름다운 혜성이 1986년, 76년 만에 지구로 접근해 왔을 때의 일은 아직도 기억에 생생하다. 과학 시대에 걸맞게 각국이 협력하여 관측 체제를 펴서 수많은 화려한 성과가 얻어졌다. 그 중에서도 하이라이트였던 것은, 유럽 우주 기관(ESA)이 발사한 탐사기 '조토'(Giotto: 이탈리아의 화가 Giotto di Bondone의 이름에서 따온 것)의 활약일 것이다.

　TV 카메라를 실은 조토는 상대속도 초속 70㎞의 맹렬한 속도로 핼리 혜성의 핵에 600㎞의 거리까지 접근, 처음으로 그 모습을 촬영하는 데에 성공했다. 조토가 보내오는 화상은 '실황 중계'의 형태로 세계 각국의 TV를 통해 비쳤다. 혜성으로부터 빗발치듯 뿜어져 나오는 입자의 탄환을 받아 가면서 조토가 용감하게 핵을 향해 돌진해 가는 모습을, 신문은 「핼리의 핵을

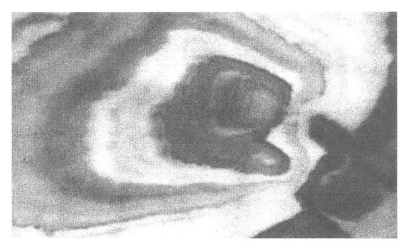

〈그림 8-1〉 혜성 탐사기 '조토'가 촬영한 핼리 혜성의 핵

촬영」이라는 표제로 크게 보도했다. 이리하여 그 봄에 핼리 열
풍이 온 세계에서 일어났는데, 이 혜성이 이토록 유명해진 계
기는 300년 전으로 거슬러 올라간다.

1682년, 젊은 천문학자 핼리는 긴 꼬리를 나부끼면서 나타
난 큰 혜성에 넋을 잃고 그 운동에 관심을 품었다. 당시는 아
직 혜성의 운동이 해명되어 있지 않았기 때문에 핼리는 뉴턴의
역학을 사용하여 혼자서 궤도 계산에 도전했다. 또 과거에 출
현한 혜성의 관측 기록도 시간을 들여 정밀하게 조사해 나갔다.

답이 나오기까지 수십 년이 걸렸는데, 혜성은 타원 궤도를
그리며 약 76년의 주기로 태양 주위를 돈다는 것이 산출되었
다. 1705년, 핼리는 이 혜성이 1758년에 다시 되돌아온다고
자신을 갖고 예언했다.

아깝게도 핼리는 예언을 자기 눈으로 확인하지 못한 채

1742년에 85세로 죽었는데, 사후에 출판된 만년의 메모 속에
는 다음과 같이 적혀 있었다.

"이 혜성이 1758년에 다시 돌아왔을 때, 후세 사람들은 그
것을 최초로 발견한 것이 한 영국인이었다는 사실을 상기할 것
이다." 이리하여 자신이 생존한 증거를 사후에 돌아올 혜성에
다 의탁했던 것이다.

과연 핼리의 예언은 적중하고 그는 혜성에 이름을 남기는 최
초의 인간이 되었다. 핼리는 생전에 넓은 과학 분야에서 활약
했고 뉴턴의 『프린키피아』의 출판에 즈음해서는 많은 힘을 썼
다고 알려져 있는데(4장), 그의 이름이 오늘날 이토록 유명해진
것은 뭐니 뭐니 해도 혜성을 통해서일 것이다. 메모에 남겨진
핼리의 소망은 훌륭히 이루어진 셈이다.

3. 혜성 탐색

핼리 혜성에 자극을 받았는지, 그 후 혜성 탐색에 신들린 사
람들이 연달아 나온다. 이를테면 파리 천문대의 C. 메시에도
그런 사람 중 하나인데, 그는 18세기 말에 13개나 되는 새 혜
성을 발견하여 혜성 탐색가로서의 명예를 독점하다시피 했다.

그러나 핼리와 같은 식으로 이름을 남긴 것은 독일의 J. F.
엥케가 두 번째가 된다. 엥케는 프랑스의 J. L. 퐁스가 1818년
에 관측한 혜성의 운동을 계산하여 그 회귀(回歸)를 1822년이
라고 예언했다. 엥케 혜성은 현재 가장 주기가 짧은(약 3.3년)
것으로 알려져 있다.

또 방금 이름을 든 퐁스도 정력적인 혜성 탐색가로 40개에
가까운 혜성을 발견하여, 퐁스-윈네케 혜성, 퐁스-브룩스 혜성

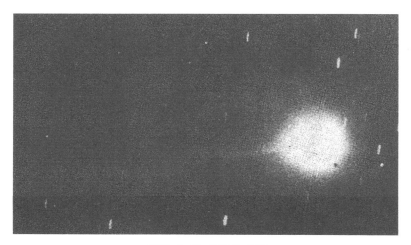

〈그림 8-2〉 이케야 혜성

등에 이름이 붙어 있다. 이 밖에도 자주 듣는 예로 코후텍, 웨
스트, 자코비니-지너 등의 여러 혜성이 있다. 모두 제1 발견자
의 이름에서 유래하여 명명되었다.

 일본 사람 중에도 혜성 탐색가로서 국제적으로 활약한 사람
이 많이 알려져 있다. 이를테면 1947년 11월 혼다 마코토(本田
實)에 의한 혼다 혜성의 발견은 패전 후의 어두운 일본에서 사
람들에게 밝은 희망을 안겨 주는 뉴스가 되었다.

 그로부터 16년 후인 1963년 이케야 혜성에 이름을 새긴 이
케야 카오루(池谷薰)는 이때 19세의 소년으로, 가장 나이 어린
혜성 발견자로서의 기록을 세웠다(그 후 1968년에 미국의 호이터
커가 16세의 나이로 새 혜성을 발견하여 기록을 경신했다).

 그런데 온 세상에서 밤마다 많은 혜성 탐색가들이 호시탐탐
망원경을 들여다보고 있노라면, 한 개의 새 혜성을 여러 사람
이 동시에 발견할 가능성이 생긴다. 그런데 혜성에 이름을 남

길 수 있는 것은 먼저 발견한 세 사람까지라는 엄격한 제한이
있다.

그래서 혜성(일반적으로는 새로운 천체)을 발견한 사람은, 일각
을 다투어 그 통지를 국제천문연합 천문전보중앙국(國際天文聯合
天文電報中央局: 미국의 스미스소니언 천문대 안에 있다)으로 연락하
게 된다. 말하자면 여기가 새 발견의 정보 수집을 총괄하는 곳
이다.

천문전보중앙국은 통지를 받으면 그 내용을 각국의 주요 천
문대에 전달한다. 이리하여 새 발견의 뉴스는 단시간에 온 세
계로 알려진다. 그리고 그것이 틀림없는 새 혜성이라고 확인되
면, 세 번째 발견자까지의 선취권이 확보되게 된다. 이렇게 보
면 혜성 탐색도 간발의 차이가 생명과 결부되는 치열한 경쟁이
라는 것을 알 수 있다.

그러나 치열한 경쟁의 배경에는 자기 이름을 온 우주를 돌아
다니는 별에 새겨 놓는다는 낭만이 있는 것이다.

4. 에포니미와 먼로 걸음

지금 곤충과 혜성을 예로 들어 얘기했는데, 과학에서는 이렇
게 일반적으로 발견자의 이름을 딴 용어가 많다.

이 책에 등장한 과학자만 보더라도 피타고라스의 정리, 코페
르니쿠스의 지동설, 케플러의 법칙, 뉴턴 역학, 베르누이의 정
리, 아보가드로수(數), 맥스웰의 방정식, 에사키 다이오드 등 헤
아리자면 한이 없다. 이처럼 인명에서 유래한 용어를 '에포니미
(Eponymy)'라고 한다.

자기 이름이 에포니미가 된다는 것은 그 업적이 높은 평가를

〈그림 8-3〉 빌먼스핀

받는 증거이며 과학자로서는 매우 명예로운 일이다. 물론 이것이 과학만의 전매특허는 아니다. 다른 여러 학문에서도 그렇게 하고 있고, 더욱 주의해서 보면 여러 분야에 인명에서 유래한 말이 많다는 것을 알게 된다.

이를테면 스포츠가 그렇다. 도쿄(東京) 올림픽이 있던 무렵을 절정으로 체조에서 일본이 세계에 군림하고 있던 시절, 야마시타(山下) 뜀뛰기, 쓰카하라(城原) 뜀뛰기 등 일본 선수가 엮어 낸 초고난도의 기술이 활발히 연출되었다.

동계 올림픽으로 눈을 돌리면, 여러 해 전에 피겨 스케이트의 빌먼 선수가 한쪽 발을 등에 붙게 수직으로 올리고 발목을 팔로 감싸듯이 하여 그녀밖에 할 수 없는 독특한 스핀을 했던 것이 생각난다. 이 연기에는 '빌먼스핀'이라는 이름이 붙여졌다.

　요리에서도 에포니미가 알려져 있다. 금방 생각나는 것으로 유명한 샌드위치가 있다. 놀이에 열중하고 있던 J. M. 샌드위치 백작이 게임을 중단하지 않고 먹을 수 있는 것이 없을까 하여 생각해 냈다는(사실인지 아닌지는 모르지만) 이야기는 유명하다. 또 샤토브리앙이라는 스테이크도 미식가(美食家, Gourmet)로 알려진 19세기 프랑스의 정치가 F. R. de 샤토브리앙이 좋아했던 것이다.

　이야기가 좀 빗나간 듯하지만 기왕 빗나간 김에 한마디 덧붙이면 일세를 풍미했던 여배우 마릴린 먼로가 있다. 그녀는 엉덩이를 흔들면서 섹시한 걸음걸이를 했다. 이른바 먼로 걸음이다. 걷는다는 누구나 하는 극히 평범한 행위가 에포니미로 되어 버렸으니, 과연 마릴린 먼로라고 할 만하다.

5. 마리 퀴리의 조국애

　화제를 다시 과학의 세계로 되돌리기로 하자. 앞에서 에포니미의 예로서 정리, 법칙, 방정식 등을 들었는데, 주기율표를 보면 원소의 이름에도 과학자와 관련된 것이 몇 가지 있다. 퀴륨(Cm: 마리 퀴리), 아인슈타이늄(Es: 아인슈타인), 멘델레븀(Md: 멘델레예프) 등이다. 다만 이들은 모두 발견자의 이름을 붙인 것이 아니라, 역사상의 위대한 과학자와 관련시켜 명명된 것이다.

　원소의 경우는 에포니미의 관점에서 본다면, 이러한 인명이 아니라 오히려 발견자의 국명과 깊은 관계가 있다는 것을 알 수 있다. 국명을 딴 용어는 엄밀한 의미에서는 에포니미라고 말할 수 없을지 모르나, 발견자에게 경의를 표한다는 점에서는 마찬가지로 생각해도 될 것이다.

〈표 8-1〉 발견자와 국명에 유래하는 원소 이름

원소명	원자 번호	원소 기호	발견한 해	발견자	유래
루테늄	44	Ru	1844	K. 클라우스 (러시아)	러시아의 라틴어 이름 (Ruthenia)
갈륨	31	Ga	1875	P. E. L. de 부아보드랑 (프랑스)	프랑스의 옛 이름(Gallia)
저마늄	32	Ge	1889	C. A. 빙클러(독일)	독일의 라틴어 이름 (Germania)
폴로늄	84	Po	1898	퀴리 부부 (프랑스)	마리 퀴리의 모국(Poland)
프랑슘	87	Fr	1939	M. 페레 (프랑스)	France
아메리슘	95	Am	1944	G. T. 시보그(미국)	America

그런데 7장에서 말했듯이 멘델레예프가 주기율표에 빈칸을 마련하여 예언했던 새 원소가 19세기 말에 연달아 발견되었다. 그중에서 갈륨과 저마늄은 각각 발견자인 부아보드랑과 빙클러의 국명을 붙인 것이다. 또 하나인 스칸듐(Sc)은 직접 국명에서 따온 것은 아니지만 발견자인 L. F. 닐손이 스웨덴의 화학자라는 점, 또 원소가 추출된 광석(가돌린석)의 산지가 스칸디나비아인 것에서 유래한다.

이런 식으로 멘델레예프의 예언이 적중한 것이 원소 발견사의 중요한 하이라이트였지만, 그 직후에 또 하나의 하이라이트가 있다. 그것은 퀴리 부부에 의한 방사성 원소의 발견이다. 1898년, 부부는 먼저 폴로늄(Po), 그리고 그 직후에 라듐(Ra)의 존재를 발표했다.

당시, 마리 퀴리는 남편 피에르를 따라 프랑스 국적으로 되어 있었으나, 그녀의 조국은 폴란드였다. 마리(Marie Sklodwska)는 1867년, 러시아의 지배 아래에 있던 바르샤바에서 태어났다. 이 시대의 폴란드는 러시아, 독일, 오스트리아의 세 나라에 의해 분할 통치되고 있었고, 폴란드라는 나라 이름조차도 빼앗기고 말았다. 그런 만큼 여성이 학문에 뜻을 두고 희망을 가질 수 있을 만한 상황은 도저히 아니었다.

그래서 마리는 1891년 프랑스로 출국하여 소르본대학에서 화학을 공부하게 된다. 그리고 3년 후 화학자 피에르 퀴리(Pierre Curie)와 결혼하여 퀴리 부인이 되었다. 이와 같이 그녀는, 러시아의 압정에 시달리는 폴란드를 빠져나왔던 만큼 조국에 대한 마음이 한결 강렬했던 것으로 생각된다.

그것을 표현했음인지 새 원소의 발견을 전하는 보고서에서 퀴리 부부는 이렇게 적고 있다.

"만약 이 새로운 금속의 존재가 확인된다면, 우리 중 한 사람의 조국에서 비롯하여 그 원소를 '폴로늄'이라고 명명하고 싶다."

아무리 외국에 침략을 당했을지언정 원소에 새긴 조국 폴란드의 이름은 미래에 영원히 없어지지 않으리라는 마리 퀴리의 강한 의지가 이 문장으로부터 전해진다. 이때 선취권에 대한 과학자의 집념은 아름다운 조국애로 승화한 것이다.

1934년, 마리 퀴리는 알프스의 요양소에서 66세의 생애를 마감했다. 유해는 남편 피에르가 잠든 파리의 묘지에 안장되었는데, 그때 관에는 폴란드의 흙이 뿌려졌다고 한다. 발견한 원소에 조국의 이름을 새긴 과학자는 그에 걸맞는 전송을 받으며 영원히 잠든 것이다.

6. 기사회생의 대역전—Z항의 발견

그런데 퀴리 부부가 폴로늄과 라듐을 발견한 1898년은 각국이 협력하여 지구 자전축의 변동을 관측하는 국제적 규모의 프로젝트가 시작된 해이기도 했다.

여기에는 일본도 참가했는데, 이것이 계기가 되어 1900년대 초에 일본인 과학자의 이름을 딴 세계적인 발견이 이루어지게 되었다. 그래서 먼저, 이런 프로젝트가 실시된 경위부터 간단히 소개하기로 한다.

잘 알려져 있듯이 지구는 자전축(지축) 주위를 하루 주기로 회전하고 있다. 여기까지는 지극히 당연한 이야기지만, 지구의 형태가 완전한 회전 타원형이 아니고, 질량 분포도 자전축에 대해서 완전하게 대칭으로 되어 있지 않기 때문에, 자전축이 가리키는 방향이 시간과 더불어 근소하게나마(마치 팽이의 목 흔들기 운동처럼) 변화하고 있는 것이다. 즉, 지구의 자전축은 항상 천구(天球)의 일정 방향을 향하고 있는 것이 아니라 불규칙 운동을 하고 있다는 것이 된다.

이 현상을 처음 이론적으로 예측한 것은 5장에 등장한 18세기의 수학자 오일러이다. 그 후 19세기에 들어와서 항성의 정확한 위치 관측이 이루어지게 되자, 실제로 지구의 자전축이 변동하고 있다는 것이 확인되었다.

그래서 국제측지학협회(國際測地學協會)는 동일 위도(북위 39°8′) 위에 거의 같은 간격이 되도록 6개 지점을 골라, 1898년부터 이듬해에 걸쳐서 조직적으로 자전축 변동에 대한 관측을 하기로 결정했다. 일본에도 이와테(岩手)현의 미즈사와(水澤)에 관측소가 설치되었다. 그리고 그 책임자로 임명된 사람이 당시 29세였던 천문학자 기무라 히사시(木村榮)였다.

이리하여 1년 동안의 공동 관측이 행해지고 각 지점에서의 데이터가 집계되었는데, 일본으로서는 깜짝 놀랄 만한 사태가 발생했다.

그것은 당시에 사용되고 있던 자전축의 변동을 부여하는 식(좀 더 정확히 말하면 천문학적 위도 변화를 나타내는 경험적인 식)에 적용해 보니, 다른 지점에 비해서 미즈사와의 관측값이 큰 오차를 나타내고 있었던 것이다.

국제측지학협회의 중앙국장 알브레히트(독일의 포츠담 천문대장)는 오차의 원인을 일본의 관측 미숙에 의한 것이라고 단정했다. 그것은 말하자면 일본의 과학 수준이 낮다는 것을 국제적으로 공언한 것과 같아서, 일본으로서는 매우 굴욕적인 평가였다. 더욱이 직접적인 관측 당사자인 기무라의 괴로운 심정은 상상하기 어렵지 않다.

그런데 얼마 후 사태가 완전히 바뀌었다. 각 지점의 데이터를 자세히 분석한 기무라는, 종전에 사용해 왔던 위도 변화의 식에 새로운 보정항(補正項)을 첨가하면 미즈사와의 것을 포함하여 모든 지점의 관측값이 식과 훌륭하게 일치한다는 것을 발견한 것이다. 즉, 일본의 관측 기술이 조잡한 것이 아니라, 사용되고 있던 식이 부적당했다는 것이 밝혀진 것이다.

기무라의 논문이 1902년 독일과 미국의 천문 잡지에 잇따라 발표되자, 보정항의 도입은 국제적으로 높은 평가를 받게 되었다. 그리고 그 보정항은 'Z항' 또는 발견자의 이름을 따서 '기

On the existence of a new annual term in the variation of latitude. independent of the components of the pole's motion.

By *H. Kimura*.

On reading Prof. Albrecht's report in A. N 3734, I noticed that the residuals of observations at some stations have certain periodicities, and I suspected that this fact might be caused from something like the change of the direction of the plumb line, common to all the stations presently referred to. I therefore recalculated [1]) the coordinates of the instantaneous pole, based upon the materials [2]) given ic paper p. 211–212, with the assumption,

$$\varphi - \varphi_0 = \xi + x \cos \lambda + y \sin \lambda$$

where ξ is variable with respect to time, but at any parti instant, has a constant value for all the stations referre The results of ξ, x and y thus calculated are as follo

	ξ	x	y	p_ξ	p_x	p_y
1899.8	−0.″003	+0.″024	+0.″124	4.27	1.88	3 09
.9	+0.018	+0.042	+0.082			

	ξ	x	y	p_ξ	p_x	p_y
1900.0	+0.″029	+0.″052	+0.″038	5.81	2.53	3.79
.1	+0.023	+0.056	−0.005			
.2	+0.015	+0.039	−0.047			
.3	+0.002	+0.001	−0.079			
.4	−0.015	−0.034	−0.095			
.5	−0.030	−0.049	−0.082			
.6	−0.033	−0.063	−0.043			
.7	−0.031	−0.067	+0.007			
.8	−0.011	−0.056	+0.054			
.9	+0.011	−0.026	+0.084			
1901.0	+0.034	+0.038	+0.095			

The mean error of a single observation of $\varphi - \varphi_0$ decreases from ±0.″034 to ±0.″025, the mean of the ors of the coordinates of a point upon the orbit, from ±0.″019 to ±0.″015, and that of ξ is ±0.″011.

Having applied the above values of §, x and y to all stations, we have the following residuals.

Mizusawa	Tschardjui	Carloforte	Gaithersburg	Cincinnati	Ukiah

〈그림 8-4〉 독일의 학술지 『아스트로노미슈 나하리히텐』에 실린 기무라의 논문

무라 항(木村項)'이라고 불리게 되었다. 이것은 아마 메이지(明治) 시대의 일본인 과학자가 획득한 세계적으로 통용되는 첫 에포니미였다고 생각된다.

어쨌든 서양에 대해 면목을 잃었다는 생각이 강했었던 만큼, 기무라 항의 발견에 의한 기사회생의 대역전극은 지금에 와서 돌이켜 보아도 일본에게는 통쾌한 느낌일 것이다.

7. 환상의 닛포늄

이렇게 통쾌한 얘기만 계속된다면 좋겠지만, 세상일이란 좀처럼 그렇게 좋게만 되어 가지는 않는다. 기무라 히사시의 쾌거로부터 수년 후 1900년대 초 메이지 시대의 일본에는 다음과 같은 사건도 일어났던 것이다. 이번 일의 주인공은 1904년 런던대학의 S. W. 램지에게서 수학한 오가와 마사타카(小用正

孝)이다.

그런데 램지로 말하면, 1894년의 아르곤(Ar)을 시작으로 하여 네온(Ne), 크립톤(Kr), 제논(Xe)까지 네 가지 희귀 가스 원소를 발견, 1904년에 노벨 화학상을 수상한 원소 탐색의 '명수'이다. 그런 '명수' 아래서 연구 생활을 시작하게 된 오가와는 곧 램지로부터 새 원소가 포함되어 있을 가능성이 시사되는 광석을 건네받아 그 화학 분석에 착수했다.

그런데 위도 변화의 관측에서 독일의 천문학자로부터 일본의 기술이 미숙하다는 멸시를 받은 것으로도 알 수 있듯이(위도 변화에 관해서는 완전한 오해였었지만), 당시 일본의 과학은 아직도 서구 수준에는 다다르지 못하고 있었다. 겨우 나가오카 한타로〔長岡半太郎: 자기 변형(磁氣變形), 원자 모형의 연구〕, 기타자토 시바사부로(北里柴三郎: 파상풍 면역체의 발견), 다카미네 조키치(高峯讓吉: 아드레날린의 발견) 등 국제적으로 평가받는 과학자가 서서히 탄생하기 시작하던 시대였다.

또, 과학에 국한된 얘기만이 아니라 일본 자체가 젊은 근대 국가로서 어떻게든지 서구 열강에 따라붙으려 전력을 다하고 있던 시대였다. 이러한 세태는 해외에 유학하는 일본인 과학자의 심리에도 얼마쯤의 영향을 미쳤을 것이다. 서구 못지않은 업적을 올려 국위 선양에 보탬이 되고 싶다는 생각을(특별한 애국자가 아니더라도) 크든 작든 간에 품고 있었다는 것은 이상한 일이 아니다.

새 원소의 발견은 그 절호의 기회가 된다. 마리 퀴리가 새 원소를 '폴로늄'이라고 명명했듯이 광석의 화학 분석에 착수한 오가와의 머리에는 어느 틈엔가 '닛포늄'*이라는 이름이 떠오르고 있었던 것이 아니었을까?

연구는 나아갔다 물러섰다를 되풀이하고 있었는데, 런던으로부터 귀국한 뒤에도 착실히 실험을 계속한 오가와는 1908년 마침내 원자량이 약 100인 새 원소 닛포늄을 발견했노라고 발표했다. 이 발표가 옳다면, 닛포늄은 당시 아직도 주기율표에 빈칸으로 남아 있던 43번째 원소에 해당하게 된다.

그러나 그 후 새 원소의 존재를 명확히 가리키는 실험 결과가 얻어지지 않은 채 시간은 흘러가고, 결국 닛포늄의 발견은 오인으로 판명되었다. 원소에 일본의 이름을 새기려던 일은 꿈으로 끝나 버린 것이다.

그래도 주기율표의 빈칸은 좀처럼 메워지지 않았다. 그랬던 만큼 오가와는 죽기 직전까지 계속하여 환상의 원소를 추적하고 있었다.

그리고 '진짜' 43번째 원소는 1937년 미국의 E. G. 세그레와 C. 페리에가 사이클로트론(입자 가속기) 속에서 중수소핵과 몰리브데넘(Mo, 원자 번호 42)의 충돌 실험을 했을 때에 발견되었다. 인공적인 조작에 의해 만들어진 데서 유래해 이 원소는 테크네튬(Te)이라 명명되었다.

8. '아주 없어져 버린' 테크네튬

그런데 테크네튬의 발견으로부터 반세기 후, 또 하나의 후일담이 생기게 된다.

테크네튬은 이름 그대로 인공적으로만 얻어지며 천연으로는 존재하지 않는 것으로 생각된다. 그것은 알려져 있는 동위원소

---

* 편집자 주: '닛폰'은 일본어로 '일본'

가 모두 방사성의 것으로서 안정된 것은 하나도 존재하지 않기 때문이다(가장 수명이 긴 동위원소라도 반감기는 수백만 년으로 계산되어 있다). 아마도 지구 탄생의 당초에는 '천연물'로서의 테크네튬이 존재했었겠지만, 지구의 역사에 비교하면 반감기가 너무 짧아서 어느 틈엔가 소멸되어 버린 것으로 생각되고 있다.

따라서 사이클로트론도 없었던 시대에 아무리 화학 분석을 정밀하게 한들, 천연으로는 존재하지 않는 원소를 발견할 방법이란 없었다. 그렇게 생각하면 오가와는 유감스럽게도 헛수고를 계속하고 있었다는 것이 된다.

그런데 비교적 최근에 일본의 연구 그룹이 미량이지만, 천연으로도 테크네튬이 '살아 남아 있을' 가능성을 시사하는 실험 데이터를 얻어 이제부터 본격적인 연구에 착수한다는 뉴스가 보도되었다.

그러고 보면 1938년 12월, 남아프리카의 동해안에서 6000만 년 전에 절멸한 것으로 생각되었던 실러캔스(Coelacanth)가 어선에 잡혀 큰 소동을 벌인 적이 있다. 마찬가지로 어부의 그물이 아닌 화학자의 검출기에, 절멸에서 벗어난 테크네튬이 잡히게 될지도 모를 일이다.

물론 그렇게 되었다고 해서 닛포늄의 이름이 부활되는 것은 아니다. 부활하지는 않지만 일본과 인연이 깊은 43번째의 원소인 만큼, 이 흥미로운 화제가 어떻게 전개되어 갈 것인지 앞으로의 성과를 기대해 보고 싶다.

9장
선취권과 노벨상의 마력

1. 아카데미상

영화에 나오는 멋진 대사를 모아 놓은 『즐거움은 이제부터』 (와다 마코토, '문예춘추')의 'PART 2'에, 〈오스카〉라는 미국 영화에 대한 소개가 실려 있다.

오스카(Oscar)란 영화계에서 아카데미상의 상품으로 주어지는 트로피의 애칭이며, 동시에 아카데미상 자체의 대명사(영화의 제목이 바로 그렇지만)로도 사용되는 말이다.

그런데 영화 〈오스카〉의 줄거리는 아카데미 주연 남우상을 노린 주인공이 상을 놓치고 예상 밖의 인물이 수상의 영예에 빛난다는 내용인 것 같다. 『즐거움은 이제부터』에는 이 영화 가운데서 다음의 대사가 인용되어 있다.

"오스카는 추천만으로는 안 돼. 작년이나 재작년의 후보자를 기억하고 있니? 기억되는 것은 수상자뿐이야."

대사에 대한 주석은 필요하지 않을 것으로 생각하지만, 후보에 올랐으면서도 결국은 수상하지 못한 주인공의 분함이 잘 표현되어 있다.

영화 팬의 한 사람으로서 본다면, 세상의 평판에 오르고 그런대로 흥행 성적이 좋았다면 그것으로 충분하지 않겠느냐는 생각이 들 수도 있다. 하지만 감독이나 배우의 입장이 되면 그것과는 별도로 아카데미상에 대한 집념은 버리기 어려운 점이 있을 것이다. 다시 한 번 『즐거움은 이제부터』의 한 구절을 인용하면 이런 대사를 만나게 된다.

"우리에게 있어서 오스카 따위는 아무래도 좋다고 생각하겠지만, 할리우드의 인종에게 이것은 대단한 행사일 것이다. 물론 잘하는 사

람이 상을 받고 있지만 상을 받지 못한 사람 중에도 명배우는 많으
며, 버트 랭커스터가 탔으면서도 커크 더글러스는 타지 못했다는 것
과, 존 웨인이 타고, 헨리 폰다가 타지 못했다는 것, 그레고리 펙이
탔는데도 폴 뉴먼이 타지 못했다는 것 등을 생각해 보면, 묘한 기
분이 든다.”

이런 실제의 예를 들어 보면, 영화 〈오스카〉의 주인공의 대
사도 진리에 다가서는 무게를 느끼게 한다. 설사 실력이 있더
라도, 최후는 운(‘행복의 여신’의 미소)이 사태를 결정한다는 인생
의 축소판을 말해 주고 있기 때문일 것이다. 그것은 또 사람이
사람을 선정하는 어려움이기도 하다.

2. 아쿠타가와상

일본의 신인 작가의 등용문 ‘아쿠타가와(芥川)상’은 1935년에
제1회 수상이 거행된 이래, 일본의 문단(文壇)을 대표하는 문학
상으로 항상 뜨거운 눈길이 쏠리고 있다.

제1회 수상자는 이시카와 다쓰조〔石川達三: 수상작은 「창맹(蒼
氓)」〕였으나, 최종 선정에 남았던 사람 중에 다자이 오사무(太宰
治)가 있었다. 상을 놓친 다자이는 이듬해, 선정 위원인 가와바
타 야스나리(川端康成)에게 “아쿠타가와상을 내게 주세요” 하고
간청하는 편지를 보냈다.

당시, 다자이는 약물 중독이 심해진 데다 경제적으로도 몹시
시달려 꽤나 불안정한 상태에 있었다. 그런 사정을 고려한다고
하더라도 부끄러움도 체면도 없이 “부디 제게 상을 주세요. 명
예를 주세요” 하고 간절히 호소하는 상황은 새삼 ‘상(賞)’이라는
것이 지니는 불가사의한 마력을 나타내고 있는 듯한 느낌이

든다.

지금에 와서 돌이켜 보면, 다자이의 작품을 평가하는 데는 그가 아쿠타가와상을 탔거나 말았거나 거의 아무런 영향도 없는 듯이 생각된다. 하지만 그것은 어디까지나 남의 무책임한 감상에 지나지 않을 것이다. 일단 '상'이라는 것이 설정되면, 사람은 그 마력의 속박으로부터 벗어날 수 없게 되는지도 모른다. 영화 〈오스카〉의 대사가, 그리고 다자이의 편지가 그것을 여실히 말해 주고 있다.

3. 노벨상

그런데 영화, 문학에 이어서 과학에서의 상이라고 하게 되면 노벨상을 제외할 수가 없다. 그리고 이만큼 국제적으로 지명도가 높고, 위엄과 영광에 찬 상도 달리 찾기 힘들다.

잘 알려져 있듯이 노벨상은 다이너마이트의 발명으로 막대한 재산을 모은 A. B. 노벨의 유언에 의해 설립되어, 1901년 제1회 수상식이 거행되었다. 즉, 이 권위 있는 표창 제도는 20세기와 더불어 시작된 것이다.

다만, 설령 노벨상이라고 한들 설립 당초부터 현재와 같은 탁월한 평가를 받았던 것은 아니다. 처음에는 오히려 수상자 쪽이 노벨상에 권위를 세워 주었다고도 할 수 있겠는데, 그 선정이 엄격했기 때문에 횟수를 거듭하는 동안 노벨상이 수상자에게 권위를 부여하는 현재의 구도가 완성되었던 것이다.

참고삼아 초기의 수상자를 살펴보면, 제1회의 W. K. 뢴트겐(물리학), J. H. 판트호프(화학), E. A. von 베링(생리학, 의학)에서 시작하여, 바로 빛나는 별과 같은 사람들을 대하게 된다. 그

〈그림 9-1〉 노벨상 메달

리고 오늘에 이르는 여러 노벨상 수상자들은 바로 세기의 천재들의 계보를 형성하고 있다.

그런 만큼 수상자는 현대의 국제 사회 속에서 '최고의 영예'라는 표현에 걸맞은 대우를 받게 된다. 아니, 때로는 신격화(神格化)된다는 형용조차도 결코 지나치지 않을 만큼 빛을 보내 주고 있다.

이런 상황을 반영하여 해마다 10월에 있는 수상자 발표는 큰 뉴스거리로 보도되고, 특히 수상자를 낸 나라나 기관은 축제보다 더한 흥분 상태가 된다. 주위가 그렇기 때문에 후보자로 지목되는 과학자에게 10월은 진정하고 있을 수 없는 시기가 될 것이다. '올해에는……' 하고 숨을 죽이며 낭보를 기다리고 있을 과학자의 모습이 눈에 선하다.

과학의 연구를 '진리의 탐구'라는 아름다운 말로 표현하는 일이 흔히 있다. 이것은 이 나름대로 결코 틀린 말은 아니지만,

과학자도 인간인 이상 그런 고결한 대의명분만으로 끝나는 것은 아니다. 아카데미상이나 아쿠타가와상이 사람을 미치게 하는 일이 있듯이, 노벨상도 이만한 위신을 지니게 되자 음으로 양으로 과학자의 마음에 커다란 영향을 미치게 되었다.

　그래서 이 장에서는 최근의 화제를 들어 선취권과 노벨상의 관계에 대해서 살펴보기로 한다.

4. 위크 보손을 찾아라!

　앞에서 해마다 숨을 죽이며 수상 통지를 기다리는 과학자가 있다는 말을 했는데, 그런 사람 중의 하나로 1984년, '위크 보손(Weak Boson)의 발견'으로 네덜란드의 S. van der 메르와 함께 노벨상을 수상한 이탈리아의 물리학자 C. 루비아가 있었다.

　사실 루비아의 경우는 마음속으로는 노벨상을 기다리고 있었을지 모르지만, 숨을 죽이기까지는 하지 않았을지 모른다. 그것은 1983년 1월, 유럽 합동 원자핵연구소(CERN)에서 루비아가 위크 보손의 발견을 발표했을 때, 그는 사실상 노벨상도 손아귀에 넣고 있었기 때문이다.

　이 위크 보손이라는 것은 소립자가 붕괴할 때 작용하는 약한 상호 작용을 전달하는 입자로서, 그 존재는 1970년대 후반부터 이론적으로 예언되어 있었다. 그런 만큼 만일 위크 보손이 실험에 의해 발견되기만 한다면, 자연계의 힘을 통일하여 기술하는 이론의 구축이라는 현대 물리학의 중요한 연구에 커다란 전진을 가져오게 된다. 바꿔 말하면, 그 발견은 최우선으로 노벨상과 이어지게 된다(앞에서 수상 발표를 기다리는 루비아의 심리 상태를 '숨을 죽이고 있지 않았다'고 미루어 헤아린 것은 이런 까닭에서였다).

이와 같이 목표가 분명해지면, 나머지 문제는 위크 보손을 발생시키기에 충분한 고에너지의 거대 가속기를 빨리 건설하여 그것을 운전하는 것에 집약된다. 1976년, 루비아는 CERN(세른)에 이 거대 프로젝트를 제의하면서 가속기의 건설을 열심히 설득해 왔다. CERN은 명칭 그대로 유럽 각국이 예산을 분담하여 운영하는 국제적인 연구 기관인데, 설립되고부터 2세기가 경과하면서도 당시는 아직 한 사람도 노벨상 수상자를 내지 못하고 있었다. 그런 만큼, 루비아의 제안은 CERN의 수뇌부에게도 극히 매력적인 주제로 비쳤을 것이다.

어쨌든 루비아의 정력적인 활동이 효과를 보여 1982년, 멀리 알프스를 바라보는 프랑스와 스위스의 국경을 사이에 낀 주네브 교외 지하에, 지름 2.2㎞에 이르는 CERN의 '슈퍼 양성자 싱크로트론(SPS)'이 완성되었다. 이리하여 SPS 속에서 고속으로 가속된 양성자와 반(反)양성자를 정면으로 충돌시켜, 그 반응으로부터 목적하는 새 입자 위크 보손을 찾아내려는 실험이 시작되었다.

5. 넘버 투(No. 2)는 필요하지 않다

실험에 임한 것은 루비아가 지휘하는 UA 1의 그룹과 프랑스의 책임자가 맡은 UA 2 그룹의 둘이었다.

가속기 SPS는 지하에 매설되어 있으므로, 입자 검출기와 그것을 조작하는 연구팀은 '언더그라운드 에어리어 1, 2'라고 불렸다. 즉 CERN 안에서 두 개 팀이 같은 목표를 겨냥하여 출발한 셈이다.

〈그림 9-2〉 CERN의 입자 검출 장치 UA 1(PPS 제공)

　CERN의 수뇌부로서는 두 그룹이 병행해서 실험을 하면 그만큼 위크 보손을 발견할 기회도 빨리 돌아올 것이고, 또 발견된 후의 확인 작업도 재빨리 이루어질 것이라고 기대했을 것이다. 그러나 당사자인 루비아로서는 UA 2 그룹의 존재가 방해자로 여겨졌을 것이다. 설사 같은 연구소의 그룹이라도 그들이 한 발 앞서 위크 보손을 발견해 버린다면, 루비아의 꿈도 노벨상도 영원히 물거품으로 사라져 버리기 때문이다.

　경쟁 결과는 앞에서 말했듯이 루비아가 거느리는 UA 1 그룹이 먼저 위크 보손을 발견하고, UA 2 쪽은 그 정당성을 뒤에서 확인해 주는 역할을 감수하는 꼴이 되었다. 그동안의 치열한 경합 상태는 미국의 저널리스트가 정리한 다큐멘터리 〈노벨상을 차지한 사나이〉(G. 토프스)에 자세히 기록되어 있다.

　그중에 중국계 미국인 S. C. C. 팅('J/Ψ 입자의 발견'으로 1976년 노벨 물리학상 수상)의 다음과 같은 인상적인 말이 인용되어 있다.

　"물리에는 넘버 투는 존재하지 않는다. UA 2가 무엇을 했는지 누가 기억할 것인가? 아무도 기억하지 않을 것이다."

　이 말과 이 장의 첫머리에 인용한 영화 〈오스카〉의 대사를 겹쳐 보면 흥미진진하다. 영화와 물리학, 아카데미상과 노벨상의 차이는 있을지언정 양자에는 상통하는 것이 있다는 점을 알게 된다. 역사에 남는 것은 수상자(No. 1)뿐이며, 단순한 후보자(No. 2)는 사람들의 기억으로부터 사라져 버린다는 비정한 현실이 이 짧은 말 속에 응축되어 있다.

6. 고온 초전도 열풍
　그런데 노벨상을 포함하여 세상의 이목을 집중시킨 화제라고 하면 수년 전에 일어났던 고온 초전도(高溫超傳導) 소동이 지금도 기억에 생생하다. 이 일은 과학 전문지에서뿐만 아니라 신문, TV, 심지어는 주간지에까지 매일같이 보도될 만큼 열광 상태를 이루었다.
　위크 보손을 에워싼 경쟁의 경우는 노벨상을 표적으로 삼고 있었다고는 하나 거대 가속기라는 특별한 장치를 필요로 하는 연구로서, 설사 그런 마음이 있다고 한들 누구나 쉽게 참가할 수 있는 성격의 일이 아니었다. 이와는 대조적으로 고온 초전도 쪽은 여느 실험실에도 있을 만한 도구로 손쉽게 연구할 수 있었으므로, 온 세계의 참으로 많은 과학자가 한때 이 문제에 열중했다.

나쁘게 말하면 그 상태는 마치 일확천금을 꿈꾸는 '골드러시'의 광분 상태를 생각하게 할 만한 상황이었다.

7. 임계 온도의 기록 갱신

그런데 초전도라는 불가사의한 현상은 1911년에 네덜란드의 H. K. 오너스에 의해 발견되었다. 애당초의 계기는 그 3년 전에, 오너스가 헬륨의 액화에 성공하여 극저온에서의 물질의 성질을 조사할 수 있게 된 것까지 거슬러 올라간다.

오너스는 액체헬륨을 사용하여 금속을 냉각시켜, 온도의 저하와 더불어 금속의 전기 저항이 어떻게 변화하는가를 측정해 보았다. 그러자 4.2K(약 -269℃)까지 내려갔을 때, 수은의 전기 저항이 갑자기 없어져 버렸던 것이다. 이 온도로 유지된 수은 루프에 한번 전류를 통과시키면 전류는 언제까지고 그대로 계속하여 흘렀다.

오너스는 이들 일련의 저온 물리 연구를 인정받아 1913년에 노벨상을 수상했는데, 초전도 현상의 메커니즘이 이론적으로 해명된 것은 반세기 후인 1957년이 되어서였다.

불가사의한 이 현상의 수수께끼를 해명하는 데 성공한 것은 미국의 J. 바딘, L. N. 쿠퍼, J. R. 슈리퍼 세 사람인데, 그 이론은 이들의 머리글자를 따서 'BCS 이론'이라고 불린다(세 사람은 1972년에 함께 노벨상을 수상했다).

그런데 전기 저항이 제로(0)가 되는 것은 매우 편리한 얘기지만, 그러기 위해서는 금속을 항상 극저온으로 유지해야만 한다는 불편이 있다. 그래서 어떻게든 조금이라도 높은 온도에서 초전도를 일으켜 줄 물질이 없을까 하고, 물리학자들은 오랫동안 연구를 계속해 왔다.

그러나 그런 요구에 딱 들어맞는 물질은 좀처럼 드물어, 극히 최근까지 임계 온도(臨界溫度: 물질이 초전도성을 나타내는 온도의 상한)의 최고 온도는 1973년에 발견된 나이오븀(Nb)과 저마늄(Ge)의 합금에서 23.2K였다. 즉, 오너스가 초전도를 발견한 이후 62년 사이에 임계 온도의 상승은 19K로, 1년당 불과 0.3K밖에 올라가지 않았던 것이다.

그런데 1986년 봄, IBM 취리히 연구소의 K. A. 뮐러와 J. G. 베드노르츠가 30K 부근에서 초전도를 나타내는 금속 산화물을 발견, 13년 만에 임계 온도는 급상승을 이루었다.

이것을 시작으로 종전보다 높은 온도에서 초전도를 일으키는 새 물질이 각국의 연구자로부터 잇따라 보고되었다. 마치 올림픽을 눈앞에 둔 수영이나 육상 경기처럼 임계 온도의 세계 신기록은 연달아 경신되고, 1987년 봄에는 100K에 접근하는 추세를 보였다. 바로 하루를 다투는 치열한 연구 개발 경주가 펼쳐지게 된 것이다.

이와 같은 과도한 경쟁 상태는, 1987년 3월 18일, 뉴욕 힐튼호텔에서 열린 미국 물리학회의 초전도 심포지엄에서도 단적으로 나타났다. 회의장에는 3,000명을 넘는 참가자가 자리를 메웠고 새로운 물질의 보고는 쉴 사이도 없어 이튿날 새벽까지 계속될 정도였다. 『뉴욕 타임스』는 이 상황을, 1969년에 열광적인 소동 속에서 열렸던 로큰롤 공연에 비유하여 '물리학의 우드스톡'이라고 표현했을 정도이다.

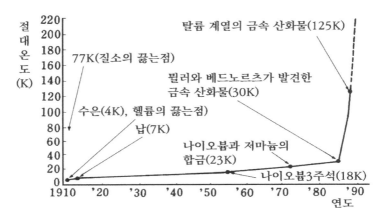

〈그림 9-3〉 임계 온도의 추이

8. 세 번째의 지정석

'우드스톡'이 벌어질 정도로 활기를 나타내면 화제는 자연스럽게 노벨상에 집중되게 된다.

앞에서 말했듯이, 1986년까지 임계 온도의 상승률은 1년당 불과 0.3K로, 이 비율로 간다면 100K에서 초전도를 실현하는 것은 앞으로 200~300년 후가 된다.

그런데 갑자기 BCS 이론의 상식을 깨뜨리고 단번에 고온 초전도가 실현되었기 때문에, 이것은 틀림없이 노벨상급의 연구라는 것에 여러 의견이 일치하는 바였다. 그렇게 되자 언제, 누가 이 테마로 노벨상을 획득하는가가 주목거리가 되었다.

물론, 누가 보아도 돌파구를 터놓은 뮐러와 베드노르츠, 두 사람이 수상하게 될 것은 틀림없는 일이었다. 문제는 과연 세 번째가 될 사람이 누구인가 하는 점이다(노벨상은 해마다 한 부문에서 세 사람까지라는 제한이 있기 때문에).

그래서 나머지 세 번째의 지정석을 노리고 치열한 경쟁이 전개된 것인데, 그 자리를 차지할 수 있는 조건은 거의 두 가지로 집약되어 있었다. 그것은 임계 온도의 대폭적인 상승을 실현하거나(극히 낙관적으로 생각하면 〈그림 9-3〉의 급격한 온도 상승 상태를 단순하게 연장시키면, 실온에서 초전도를 일으키는 물질의 개발도 꿈이 아니라는 것이 된다), 또는 BCS 이론을 대신할 고온 초전도의 새로운 이론을 확립하는 것이다.

그런데 노벨상위원회는 뜻밖에도 빨리 결론을 내렸다. 결국, 온 세계에 큰 소동을 불러일으키는 데에 앞장섰던 뮐러와 베드노르츠 두 사람에게만 1987년의 노벨 물리학상이 주어졌다(논문의 발표에서부터 수상까지 불과 1년이 걸린 빠른 속도였다). 노벨상의 선정에 논평을 가한다는 것은 지나친 일일지 모르지만, 이것은 매우 적절한 일이었다고 생각된다(세 번째의 지정석을 노리고 있었던 사람에게는 기대에 어긋났을지도 모르지만).

그 까닭은 가령 임계 온도가 뮐러와 베드노르츠가 발견한 30K를 몇 배나 웃도는 새 물질이 개발된다고 한들, 그것은 결국 그들 두 사람이 깔아 놓은 레일의 연장선 위에 실린 연구 성과에 불과하기 때문이다. 중요한 일은 아무도 착안하지 못했던 계기를 처음으로 만드는 일이며, 그 후 온도가 얼마만큼이나 올라가는가 하는 경쟁은 2차적인 의미밖에 갖지 못한다. 적어도 노벨상에 해당할 만한 값어치는 없다고 판단되었을 것이다(여기서도 물리에 No. 2는 존재하지 않는다는 팅의 말이 생각난다).

또 이론적인 해명도 여러 학자가 논쟁하는 상태에 있었고, BCS 이론을 대신할 새로운 수수께끼 풀기는 당장에는 기대할 수도 없을 것 같았다. 그런 까닭으로 노벨상에 관한 일은 선구자 두 사람의 수상으로 일찌감치 결말을 지었던 것이다.

노벨상에 결말이 나면서 마치 그에 호응이나 하듯이 한 가지 재미있는 현상이 일어났다. 그것은 저토록 큰 소동을 벌이고, 하루를 다투듯이 연출되고 있던 임계 온도의 상승 경쟁이 어느 틈엔가 진정되고 만 일이다.

그렇다고 해서, 노벨상을 손에 넣을 기회가 없어져 버렸기 때문에 연구에 대한 과학자의 열의가 사라져 버렸다고까지 말할 생각은 없다. 우연히 시기를 같이하여, 당시에 생각할 수 있던 임계 온도의 상한에 도달하고 만 것이었을 듯하다.

그야말로 1년이 채 못 되는 동안에 엄청나게 많은 시행착오가 반복되고 여러 가지 재료를 조합한 새 물질 형성이 연달아 이루어졌던 셈이므로, 당장에 손쓸 만한 방법은 모조리 다 나와 버렸다고 한들 이상할 것은 없다.

그러나 노벨상의 결정은 최고 온도의 기록 경신에만 정신을 잃고 있던 비정상적인 과열 상태로부터 조금 진정하여, 고온 초전도의 메커니즘을 검토하고 실용화로 눈을 돌린 연구 개발에 착수하는 정상 상태로 옮겨 갈 하나의 계기가 되었던 것으로 생각된다.

큰 소동의 갑작스런 진정화는 세계의 물리학계로부터 신들린 것이 뚝 떨어져 나간 듯한 인상마저 주는데, 이것도 노벨상의 위대한 영향력의 이면을 나타내고 있는 것인지도 모른다.

9. 노벨상의 효과

지금까지 여러 각도에서 선취권과 과학 연구의 관련성을 살펴 왔는데, 노벨상이라는 절대적인 권위의 포상 제도가 확립되자 여기에는 또 이 문제에 새로운 관점이 첨가되었다는 것을 알게 된다.

그것은 노벨상의 존재가 마치 불에 기름을 붓듯이, 선취권 다툼을 한층 확대시키고 있다는 점이다. 방금 소개한 위크 보손의 발견이나 고온 초전도의 연구도 그러한 '노벨상 효과'의 한 예에 지나지 않는다. 초기의 수상 대상이 되었던 일부 연구를 별도로 하면, 노벨상의 발걸음은 과학의 최전선에서 펼쳐지는 치열한 싸움의 역사라고도 말할 수 있다.

'노벨상 효과'에 의해서 경쟁이 격화되면 필연적으로 과학 발전의 촉진으로 이어지게 되지만, 동시에 거기에서부터 과학자의 희비가 뒤얽힌 인간상이 짜여 나오기도 한다. 그것은 첫 번째 발견자가 되고 싶다는 과학자 본래의 야심과, 위엄과 신망이 높은 포상에 대한 인간의 욕망이 복잡하게 뒤엉킨 결과일 것이다.

근본적으로 자연의 심오한 수수께끼에 도전하는 과학자의 모습은 그것만으로도 충분히 드라마틱한 것이라 할 수 있다. 그리고 과학 연구에는 본질적으로 경쟁으로서의 측면이 갖추어져 있다. 그렇게 되면 노벨상의 존재는 더더구나 과학자들이 연출하는 인간 드라마에 색깔 짙은 각색을 하게 만든다.

미국의 과학 저널리스트 N. 웨이드는 치열한 투쟁 끝에 과학계 최고의 영예를 손에 넣은 승리자의 마음속을 다음과 같은 상징적인 말로써 엮고 있다.

"'제왕이 되어서 페르세폴리스(Persepolis)의 거리 속으로 승리의 개선을 하는 일'. 과학자에게 있어서 이와 동등한 영예의 순간은, 예복으로 몸을 단장하고 스톡홀름 음악당의 무대 위에 서서, 노벨

기금에 의해 만들어진 금메달과 스웨덴 국왕으로부터 수여되는 상
장을 손아귀에 넣는 일이다."

이때, 승리의 개선이 허용되는 것은 말할 것도 없이 최초의
발견자뿐이다.

10. 선취권에의 집념

한편 근대 과학의 탄생기에서부터 서술한 이 책도 어느 틈엔
가 현대 과학의 최전선을 소개하는 데까지 와 버렸다.

돌이켜 보아 갈릴레이나 뉴턴이 활약했던 17세기와 노벨상의
화제를 든 오늘날을 비교해 보면, 같은 과학이라고는 하지만
그 양상에는 정말 격세지감(隔世之感)이 있다. 그동안의 두드러
진 진보, 연구 대상의 변경, 영역의 확대는 과학이라는 활동에
커다란 변혁을 가져왔다.

또 갈릴레이가 손수 만든 작은 망원경으로 밤하늘에 반짝이
는 별을 관찰하거나, 뉴턴이 시골에서 혼자 조용히 사색에 잠
기는 등의 광경에는 어딘가 목가(牧歌)적인 분위기가 감돌지만,
루비아가 100명이 넘는 물리학자들을 지휘하여 CERN의 거대
가속기를 움직이는 상황은 완전히 이질적인 이미지를 품게 한다.

그러나 그런 표층적인 차이는 있어도, 과학자가 선취권에 민
감한 것만은 갈릴레이의 시대부터 지금까지 400년 가까운 시
간이 지났으나 항상 변함이 없다.

태양 흑점의 발견을 둘러싸고 갈릴레이가 샤이너 신부를 집
요하게 공격한 모습과, 루비아가 같은 CERN의 실험 그룹을
빼돌리면서까지 위크 보손 검출의 첫 번째 자리를 차지하려 한
번쩍이는 눈길로부터(두 사람이 같은 이탈리아인이라는 공통점을 넘

어서서) 과학자 모두에게 보편적으로 적용되는 선취권에 대한 강한 집착을 볼 수 있다.

6장에서 소개한 캐번디시처럼 연구 성과의 발표에는 관심 없이 순수하게 지적 호기심만으로 살다 간, 학문의 '수도승'을 방불케 하는 인물도 있기는 했지만(무슨 일에든 예외는 있으므로) 긴 역사를 통틀어 보면 선취권에 대한 집착이 인간을 어려운 과학 연구의 길로 몰아세운 원동력이 되어 왔다는 것을 알 수 있다.

여기에서 새삼스럽게 "왜 과학자는 그토록 선취권에 마음을 빼앗기는가?" 하는 질문에 간결하고 명쾌한 설명을 하기는 힘들지만, 어쨌든 근원적으로 과학은 인간에게 그와 같은 억누를 수 없는 내적 충동을 끓어오르게 하는 매력을 지니고 있는 것이다. 지금까지 살펴 왔듯이 역사에 이름을 남긴 천재들의 행동이 그것을 명백히 말해 주고 있다.

과학이 앞으로 어떠한 발전을 이룩하고 종전보다 더 커다란 변모를 보인다고 할지라도, 인간(과학자)의 심리와 깊이 관계되는 이러한 본질은 장래에도 변함이 없을 듯이 생각된다.

그리고 과학자들이 펼쳐 내는 치열한 경쟁은 앞으로도 굉장한 발견과 동시에 흥미진진한 인간 드라마를 만들어 나갈 것이다.

과학자는 왜 선취권을 노리는가

정열, 영예, 실의의 인간 드라마

초판 1쇄 1991년 02월 28일
개정 1쇄 2019년 05월 23일

지은이 고야마 게이타
옮긴이 손영수·성영곤
펴낸이 손영일
펴낸곳 전파과학사
주소 서울시 서대문구 증가로 18, 204호
등록 1956. 7. 23. 등록 제10-89호
전화 (02)333-8877(8855)
FAX (02)334-8092
홈페이지 www.s-wave.co.kr
E-mail chonpa2@hanmail.net
공식블로그 http://blog.naver.com/siencia

ISBN 978-89-7044-869-5 (03400)
파본은 구입처에서 교환해 드립니다.
정가는 커버에 표시되어 있습니다.

도서목록
현대과학신서

도서목록
BLUE BACKS